関連性データの解析法

多次元尺度構成法とクラスター分析法

齋藤堯幸 + 宿久 洋 [著]

共立出版

まえがき

　本書は，対象間の関連性を表すデータを分析する方法を総合的に解説したものである．このようなデータ（関連性データ）は，社会現象や心理現象を扱う学問に限らず，さまざまな学問分野あるいは応用分野で多種多様に存在し，関連性データを分析する需要は多い．なお関連性データの実例は，本書の第1章でいろいろとあげている．

　関連性データは，サンプルを変量ごとに観測した多変量データとは異なる形態であるから，通常の多変量データ解析の手法を使って分析することは難しい．最もよく使われるアプローチとして，データに潜む空間構造を描き出す多次元尺度構成法と，対象のかたまりの構造を抽出するクラスター分析法がある．大まかにいえば，これらはデータから対象の位置関係を表す地図を作る方法と，対象の分類をする方法に対応する．

　本書は，この2種類のアプローチについて，代表的な方法を取り上げて解説したものである．第1章では，多様な関連性データについて解説し，さまざまな解析法を簡単に紹介した．多次元尺度構成法とクラスター分析法を併用して分析する意義を述べ，また分類作業とクラスター分析の相違を説明した．第2章は関連性データが数値で与えられた場合に，その数値を距離に対応させる立場で，計量多次元尺度構成法を述べた．第3章は，データが数値で与えられた場合に，その数値を必ずしも距離に対応させない立場で，準計量的多次元尺度構成法を述べた．第4章は，関連性データの順序情報を利用する立場で，非計量多次元尺度構成法を，第5章では，関連性データのクラスタリング結果を階層的に表現する階層的クラスター分析法を述べた．第6

章では，関連性データのクラスタリング結果を非階層的に表現する非階層的クラスター分析法を述べた．第7章では，関連性データのクラスタリング結果およびクラスタリング法を評価するさまざまな方法を解説した．各章の末尾には，数値例と設問を用意し（第1章は設問のみ），学習の便宜と発展的な応用に深い理解を促す試みをした．

多次元尺度構成法とクラスター分析法を，一冊でまとめて解説した単行本は，わが国の内外に従来ないように見受けられる．読者にとって，本書の構成から2種類のアプローチの総合的な理解がしやすくなれば，著者として幸いである．また本書で取り上げるデータ解析法の多様性によって，本書がさまざまな分野の教育，研究，実務，またソフトウェアの開発などに寄与しうるとしたら，著者として望外の喜びである．

本書の出版に際しては，共立出版（株）の寿日出男氏，横田穂波氏ほか多数の関係者にお世話になりました．記して厚く感謝致します．

2006年5月　風薫る新緑の日に

齋藤堯幸

宿久　洋

目　　次

第1章　関連性データと解析法の概要　　1

- 1.1 はじめに 1
  - 1.1.1 関連性データの種類 1
  - 1.1.2 関連性データの具体例 2
- 1.2 関連性データの収集と形式 3
  - 1.2.1 データの収集 3
  - 1.2.2 データの形態 6
- 1.3 多次元尺度構成とメトリック 7
  - 1.3.1 メトリックの概念 7
  - 1.3.2 多次元尺度構成と距離関数 9
- 1.4 クラスター分析とメトリック 11
- 1.5 尺度水準とデータ変換 13
  - 1.5.1 データの測定尺度 14
  - 1.5.2 計量的データと非計量的データ 15
  - 1.5.3 データ変換 16
- 1.6 多変量データからの関連性データの生成 17
  - 1.6.1 カテゴリカルデータの場合 18
  - 1.6.2 順序データの場合 21
  - 1.6.3 数値データの場合 23
- 1.7 多次元尺度の構成 24

	1.7.1	多次元尺度構成法の特徴	24
	1.7.2	尺度レベルと手法	27
1.8	分類とクラスタリング		29
	1.8.1	分類の特徴と諸概念	29
	1.8.2	クラスター分析法	31
	1.8.3	クラスタリング法の基礎概念	33
1.9	設　問		35

第2章　計量的多次元尺度構成法　　　　　　　　　　37

2.1	はじめに		37
2.2	基礎的な理論		38
	2.2.1	非負定符号行列	38
	2.2.2	いくつかの定理	40
	2.2.3	ユークリッド距離行列と座標行列の関係 ...	44
2.3	非類似性データの多次元尺度構成法		46
	2.3.1	空間配置の導出	50
	2.3.2	適合度の検討	51
	2.3.3	空間配置の幾何的性質	53
2.4	類似性データの多次元尺度構成法		55
	2.4.1	類似性に関する内積モデル	55
	2.4.2	主座標分析	58
	2.4.3	2値変量データから生成した類似性データの解析 ...	61
	2.4.4	尺度混在データから生成した類似性データの解析 ...	65
2.5	数値例と設問		67
	2.5.1	色の非類似性データの解析例	67
	2.5.2	果物の非類似性データの解析例	73
	2.5.3	多変量データから生成した類似性データの解析例 ...	75
	2.5.4	設　問	78

第3章　準計量的多次元尺度構成法　　79

- 3.1　はじめに　　79
- 3.2　1次元尺度の構成　　80
- 3.3　多次元尺度の構成　　82
- 3.4　基本方程式の性質　　85
  - 3.4.1　データの1次変換に対する固有値の変化　　85
  - 3.4.2　固有値の分布の検討　　87
- 3.5　次元数と適合度の関係　　89
- 3.6　数値例と設問　　92
  - 3.6.1　色の非類似性データの解析例　　92
  - 3.6.2　果物の非類似性データの解析例　　93
  - 3.6.3　設問　　95

第4章　非計量的多次元尺度構成法　　97

- 4.1　はじめに　　97
- 4.2　非計量的アプローチ　　98
  - 4.2.1　単調性の設定　　98
  - 4.2.2　適合度と問題の定式化　　99
- 4.3　単調回帰のアルゴリズム　　102
  - 4.3.1　ディスパリティの生成　　102
  - 4.3.2　単調回帰原理の性質　　105
  - 4.3.3　勾配法とストレスの微分　　107
  - 4.3.4　標準化　　109
  - 4.3.5　初期値の計算法　　110
- 4.4　非計量的手法の理論的背景　　111
  - 4.4.1　心理的距離にかかわるメトリック　　111
  - 4.4.2　距離関数型と順序データとの関連　　114
  - 4.4.3　pメトリックと順序データとの関連　　116
- 4.5　数値例と設問　　117

	4.5.1	人工データの解析例................	117
	4.5.2	果物の空間配置の総合的比較..........	121
	4.5.3	設　問...............................	123

第5章　階層的クラスター分析法　　125

- 5.1 はじめに................................. 125
  - 5.1.1 クラスター構造....................... 126
  - 5.1.2 クラスタリング法のアルゴリズム...... 130
- 5.2 階層的クラスタリング法................... 134
  - 5.2.1 アルゴリズムとクラスター間の非類似性.. 135
  - 5.2.2 更新式によるアルゴリズムの表現...... 140
  - 5.2.3 更新式の拡張......................... 146
  - 5.2.4 その他のクラスタリング法............. 147
- 5.3 クラスタリング結果の表現................. 148
  - 5.3.1 グラフによる表現..................... 148
  - 5.3.2 接続行列，距離行列による表現........ 150
- 5.4 クラスター数の決定....................... 151
- 5.5 クラスタリング法の性質................... 152
  - 5.5.1 空間のゆがみ......................... 152
  - 5.5.2 単調性............................... 158
  - 5.5.3 可約性............................... 161
  - 5.5.4 LW法の性質とパラメータの関係....... 162
- 5.6 数値例と設問............................. 164
  - 5.6.1 ソフト飲料の類似性データの解析例.... 164
  - 5.6.2 果物の非類似性データの解析例........ 166
  - 5.6.3 設　問............................... 169

第6章　非階層的クラスター分析法　　171

- 6.1 はじめに................................. 171

6.2	移動中心法		*172*
	6.2.1	クラスター中心の初期値の決定	*173*
	6.2.2	対象とクラスター中心間の非類似性	*175*
	6.2.3	クラスター中心の決定	*175*
	6.2.4	アルゴリズム	*180*
6.3	交換法		*182*
6.4	接続法		*184*
	6.4.1	単一接続法	*184*
	6.4.2	局所探索接続法	*187*
	6.4.3	拡張局所探索接続法	*189*
6.5	クラスタリング結果の表現		*190*
	6.5.1	分割の表現	*190*
	6.5.2	グラフによる表現	*193*
	6.5.3	多次元尺度構成法の併用	*193*
6.6	クラスター数の決定		*194*
6.7	数値例と設問		*194*
	6.7.1	アイリスの多変量データの解析例	*194*
	6.7.2	設問	*198*

第7章 クラスタリングの評価法 *199*

7.1	はじめに		*199*
7.2	階層構造の評価		*200*
7.3	分割の評価		*202*
	7.3.1	適合性基準による評価	*203*
	7.3.2	非適合性基準による評価	*205*
	7.3.3	分割の良さに関する指標	*205*
	7.3.4	分割の比較	*207*
	7.3.5	クラスター数の分布を表す指標	*209*
	7.3.6	分割の視覚化による評価	*209*

7.4 クラスタリング法の評価 210
　7.4.1 代表的な許容性 211
　7.4.2 その他の許容性 213
7.5 数値例と設問 215
　7.5.1 階層構造の適合性基準による評価例 215
　7.5.2 分割の適合性基準による評価例 216
　7.5.3 分割の非適合性基準による評価例 216
　7.5.4 分割の良さに関する指標による評価例 217
　7.5.5 設問 219

参考文献　　　　　　　　　　　　　　　　　　　　　*221*

索　引　　　　　　　　　　　　　　　　　　　　　　*229*

第1章

関連性データと解析法の概要

1.1 はじめに

1.1.1 関連性データの種類

社会現象や心理現象を扱うさまざまな学問分野あるいは応用分野で，二者関係を示すデータは多種多様に存在し，それらを分析する需要は多い．2つの対象が心理的に似ているほど，両者を間違えたり混同しやすいし，一方から他方を連想しやすい．二者間の類似性，混同率，連関性，心理的距離などは，一般に近接性または親近性 (proximity) とよばれる．本書では，その種のデータを広義に関連性データ (relational data) とよぶ．たとえば社会心理学では，集団の成員間の相互作用や親近性，また社会的資源（地位，金銭など）の交換を分析するが，これらも関連性データである．社会学では，世代間の職業移動や，地域間の移住，通婚圏などの社会移動を分析したり，ネットワーク（個人間，組織間，国家間）を扱うが，いずれも二者間の社会的距離を反映すると考えられ，関連性データとみなせる．また，市場調査ではブランド交換や商品代替，生態学では2種の植物の同時生育率，経営工学では2要因の交互作用，情報検索学では雑誌間の相互引用などを分析するが，それらも関連性データとみなせる．

このように非常に広汎な分野において，多様な二者関係を示すデータが存在する．本書でいう関連性データはそれらの総称であるが，以下では文脈に

応じて，関連性データを単に類似性データ，または非類似性データとよぶこともある．

二者間の関係を表す関連性データは，サンプルを変量ごとに観測した多変量データとは異なる形態であるから，通常の多変量解析の手法を適用して分析することは困難である．したがって，関連性データに特有の分析法が発達した．最もよく使われる方法として，データに潜む空間構造を描き出す多次元尺度構成法 (multidimensional scaling, MDS) と，かたまりの構造を抽出するクラスター分析法 (cluster analysis) がある．おおまかにいえば，前者はデータから対象の位置関係を表す地図を作る方法であり，後者は対象をかたまりに分類する方法に対応する．このことから，所与の関連性データに対して2種類のアプローチが可能である．実際の応用では，これらを併用し，対象の空間的な配置図にかたまりの構造を書き込むことによって，データに潜む構造情報を明確にとらえることができる．なおネットワーク分析 (network analysis) も，関連性データを分析する主要な分野であるが，本書では割愛するので興味のある方は以下の本を参考にされたい (Saito and Yadohisa, Chapter 6, 2005)．

1.1.2 関連性データの具体例

心理学，社会学，社会心理学，市場調査，生態学などの分野における関連性データの具体例を説明しよう．表 1.1 は心理学における認知や知覚にかかわる一研究であり，モールス信号の混同率の実験データの一部である (Rothkopf, 1957)．対角要素は正答を，非対角要素は誤答を表す．また後出する表 1.12 は，辛味に関する心理的な非類似性を示すデータである．表 1.2 は社会学における社会移動 (social mobility) の一研究で，世代間の職業移動データを表す（直井・盛山，1989）．表 1.3 は社会心理学における人間の相互作用にかかわる一研究であり，資源 (resource) の社会的交換 (social exchange) の実験データである (Foa, 1971)．対角要素は実験設計により，存在しない．表 1.4 はマーケティング研究における，ブランド交換 (brand switching) の市場調査データを示す（Bass ほか，1972）．対角要素はブランドロイヤリティ，非対角要素はブランドの交換を表す．表 1.5 は動物行動学の一研究で，実験的に

観察された鳩の集団における個体間のつつき合い行動 (pecking behavior) のデータである (Masure and Allee, 1934). つつき合い行動は攻撃行動であり，データの分析から鳩の集団の社会構造を読みとることができる．表1.6は，植物生態学の一研究であり，ある地域における樹木種の空間的な連関 (spatial association) の調査データである (Kempton, 1979). これは，ある樹木種の最近隣に出現する他の樹木種の個数を示している．表1.7は，九州沖縄地方の県間での人口移動を示したデータである（総務省統計局，2001）.

なお社会的ネットワークを関連性データ行列の形式で記すと，行列の要素が個人間の関係 (social tie) に対応し，要素は 0, 1 の 2 値または数値で表される．これは，上記のタイプのデータ行列に較べて値 0 の要素が非常に多い，すなわち希薄な行列であることが通常である．

表 1.1 モールス信号の混同率

刺激	A	B	⋯	Z	1	2	⋯	0
A	92	04	⋯	03	02	07	⋯	03
B	05	84	⋯	42	12	17	⋯	04
⋮	⋮	⋮	⋮	⋮	⋮	⋮	⋱	⋮
Z	03	46	⋯	87	16	21	⋯	15
1	02	05	⋯	22	84	63	⋯	55
2	07	14	⋯	13	62	89	⋯	11
⋮	⋮	⋮	⋮	⋮	⋮	⋮	⋱	⋮
0	09	03	⋯	20	50	26	⋯	94

1.2 関連性データの収集と形式

1.2.1 データの収集

関連性データを収集する方法は，その現象に応じて異なる．第一に，実験 (experiment) による方法がある．心理学や社会心理学などでは，現象にかかわる変量や被験者（個体）を管理して実験条件を設計し，計画的にデータを収集する．表1.1，表1.3，表1.5はその例である．第二に，調査 (survey) に

表 1.2 世代間職業移動（1985 年）

父親の職業	本人の現職							
	A	B	C	D	E	F	G	H
A: 専　門	40	22	25	9	6	3	4	0
B: 管　理	26	47	46	21	17	14	5	0
C: 事　務	20	24	59	11	23	22	3	3
D: 販　売	17	28	47	75	30	18	7	4
E: 熟　練	21	20	50	29	134	43	14	10
F: 半熟練	15	19	40	13	34	68	13	2
G: 非熟練	6	6	15	10	19	13	13	1
H: 農　業	49	50	84	67	164	120	44	140

表 1.3 資源の社会的交換

受取り資源	お返し資源					
	愛情	地位	情報	金銭	品物	サービス
愛情	−	65	10	0	2	23
地位	62	−	20	10	2	5
情報	17	34	−	11	24	14
金銭	0	16	8	−	60	16
品物	6	5	21	55	−	13
サービス	41	18	7	16	18	−

表 1.4 ソフト飲料のブランド交換

Period$[t]$	Period$[t+1]$							
	A	B	C	D	E	F	G	H
A: Coke	612	107	10	33	134	55	13	36
B: 7-Up	186	448	5	64	140	99	12	46
C: Tab	80	120	160	360	80	40	80	80
D: Like	87	152	87	152	239	43	131	109
E: Pepsi	177	132	8	30	515	76	26	37
F: Sprite	114	185	29	71	157	329	29	86
G: Diet Pepsi	93	47	186	93	116	93	256	116
H: Fresca	226	93	53	107	147	107	67	200

表 1.5 鳩のつつき合い行動

つついた個体	つつかれた個体						
	BB	BR	BW	BY	GW	RW	RY
BB	0	41	44	68	58	29	45
BR	6	0	18	40	16	3	11
BW	10	7	0	11	5	18	12
BY	62	44	62	0	66	49	31
GW	36	20	23	28	0	29	11
RW	0	9	8	22	10	0	12
RY	10	2	5	2	5	5	0

表 1.6 樹木種の空間的連関

樹木種	最近隣の樹木種					
	Red oak	White oak	Black oak	Hickory	Maple	Other
Red oak	104	59	14	95	64	10
White oak	62	138	20	117	95	16
Black oak	12	20	27	51	25	0
Hickory	105	108	48	355	71	16
Maple	74	70	21	79	242	28
Other	11	14	0	25	30	25

表 1.7 九州の人口移動

移動前	移動後							
	福岡	佐賀	長崎	熊本	大分	宮崎	鹿児島	沖縄
福岡	–	2202	3101	3211	2475	1516	2225	745
佐賀	2918	–	803	369	200	122	189	88
長崎	4377	785	–	736	409	275	443	193
熊本	4091	340	729	–	573	645	1332	191
大分	2971	194	479	653	–	369	351	115
宮崎	2075	144	319	771	483	–	1512	175
鹿児島	3224	213	589	1186	295	1321	–	382
沖縄	965	52	235	181	105	188	402	–

よる方法がある．フィールド調査は，計画的ではあるにせよ，実験室環境に較べて変量や回答者（個体）の管理は難しくデータの精度は低い．表1.2，表1.4，表1.6 はその例である．第三に，実務上の目的（行政的管理，業務統計）から集積された記録としての関連性データがある．表1.7 や人口動態統計はその例である．この種のデータを研究の対象とするとき，データの精度の検討は，実験や調査の場合と較べて非常に難しい．

1.2.2　データの形態

上記いずれの方法にせよ，関連性データは，二者関係を直接的に示す原データ s_{jk} として収集され，正方行列 $\boldsymbol{S}=(s_{jk})$ の形式に整理される（表1.8 参照）．データの値は，表1.1 から表1.7 の場合には非負であるが，正負の値が混合する場合もある（表2.2 参照）．対角要素は，現象に応じ観測されない場合がある．現実のデータ行列は，多くの場合非対称である．しかしながら，心理実験などの場合，被験者に課す判断の指示条件により原データが対称データとして観測されることがある．本書で取り上げる分析法では，非対称データは適当に変換して対称化し，入力データとする（1.5.3項参照）．なお後述するが，原データは多変量データ $\boldsymbol{X}=(x_{ij})$ の形式で与えられ（表1.9 参照），適当な関連性の指標を定義することにより，関連性データを生成する場合がある（1.6節参照）．

表 1.8　関連性データ行列

	1	2	$\cdots$	j	$\cdots$	k	$\cdots$	n
1	s_{11}	s_{12}	$\cdots$	s_{1j}	$\cdots$	s_{1k}	$\cdots$	s_{1n}
2	s_{21}	s_{22}	$\cdots$	s_{2j}	$\cdots$	s_{2k}	$\cdots$	s_{2n}
$\vdots$	$\vdots$	$\vdots$	$\ddots$	$\vdots$	$\ddots$	$\vdots$	$\ddots$	$\vdots$
j	s_{j1}	s_{j2}	$\cdots$	s_{jj}	$\cdots$	s_{jk}	$\cdots$	s_{jn}
$\vdots$	$\vdots$	$\vdots$	$\ddots$	$\vdots$	$\ddots$	$\vdots$	$\ddots$	$\vdots$
k	s_{k1}	s_{k2}	$\cdots$	s_{kj}	$\cdots$	s_{kk}	$\cdots$	s_{kn}
$\vdots$	$\vdots$	$\vdots$	$\ddots$	$\vdots$	$\ddots$	$\vdots$	$\ddots$	$\vdots$
n	s_{n1}	s_{n2}	$\cdots$	s_{nj}	$\cdots$	s_{nk}	$\cdots$	s_{nn}

表 1.9 多変量データ行列

	1	2	⋯	j	⋯	p
1	x_{11}	x_{12}	⋯	x_{1j}	⋯	x_{1p}
2	x_{21}	x_{22}	⋯	x_{2j}	⋯	x_{2p}
⋮	⋮	⋮	⋱	⋮	⋱	⋮
i	x_{i1}	x_{i2}	⋯	x_{ij}	⋯	x_{ip}
⋮	⋮	⋮	⋱	⋮	⋱	⋮
n	x_{n1}	x_{n2}	⋯	x_{nj}	⋯	x_{np}

表 1.8 の形式の関連性データを，単相 2 元データ (one-mode two-way data) とよぶことがある．これに対して，条件（あるいは個体）i ごとに関連性 s_{jk} を示すデータ $\{s_{ijk}\}$ を，2 相 3 元データ (two-mode three-way data) とよぶ．ここで条件（個体）とは，観測の単なる繰り返しではない．本書では選好性データ (preference data) を取り扱わないが，個体 i の対象 j に対する選好性 $\{s_{ij}\}$ を示すデータは，2 相 2 元データ (two-mode two-way data) ともよばれる．

1.3 多次元尺度構成とメトリック

　上記の関連性データは，データを生み出すそれぞれの現象に関して，広い意味での距離を表すと考えられる．たとえば，2 つの刺激間の非類似性は心理的な距離を示すとみなされる．MDS やクラスター分析では，そのような距離に数学的な意味での距離を対応させて，さまざまな分析法やモデルを展開する．その準備として，この節では数学的な距離（メトリック）とその例を説明する．

1.3.1　メトリックの概念

　n 個からなる一群の対象に番号をつけ，$K = \{1, 2, \ldots, j, \ldots, n\}$ と記す．一対の対象 (j, k) に対して定義された実数値の関数 d_{jk} は，次の 4 つの条件を満たすとき，メトリック (metric) とよばれる．対象 j, k が順序づけられた

対を (j,k) と記し，これを順序対 (ordered pair) という（カッコ内で，左右の位置に意味があることに注意）．以下の A1) から A4) を **距離の公理** (metric axioms) とよぶ．

A1)　最小性 (minimality)
　　すべての順序対 (j,k) について次式が成り立つ．
$$d_{jk} \geq 0 \tag{1.1}$$

A2)　確定性 (definiteness)
　　すべての順序対 (j,k) について次式が成り立つ．
$$d_{jk} = 0 \quad \Leftrightarrow \quad j = k \tag{1.2}$$

A3)　対称性 (symmetry)
　　すべての順序対 (j,k) について次式が成り立つ．
$$d_{jk} = d_{kj} \tag{1.3}$$

A4)　三角不等式 (triangular inequality)
　　すべての順序づけられた三つ組 (i,j,k) について次式が成り立つ．
$$d_{ij} + d_{jk} \geq d_{ik} \tag{1.4}$$

メトリックは距離 (distance) ともよばれる．本書では心理的距離，社会的距離などを扱うが，それは必ずしも上記メトリックの意味での距離ではない．それらとメトリックを区別する必要がある場合には，メトリックを数学的距離とよぶが，説明上の混乱が生じない場合には単に距離ということにする．なお A2)，A3)，A4) を仮定すると，A1) が導出される．また A1) と A2) をまとめた条件 $d_{jk} \geq d_{jj} = 0$ を，最小性（または非負性）とよぶことがある．心理的距離を議論する場合，A1) と A2) の分離は意義がある．

　(1.4) で等号がつねに成り立つとき，距離は加算的 (additive) であるという．たとえば，半円周上の点だけを考えるとき，劣弧の長さで与えられる距離は加算的であるが，弦の長さで与えられる距離は加算的でない．加算的距離は，

心理的距離の理論においては重要な概念である (Beals *et al.*, 1968; Tversky and Krantz, 1970).

ところで，前記の距離の公理をおかなくとも距離は定義されるが，その例を示そう．n 個の対象があり，順序対について定義された実数値の関数 d_{jk} が，(1.2) と次の条件を満たすとする.

B)　強三角不等式 (strong triangular inequality)

すべての順序づけられた三つ組 (i,j,k) について，次式が成り立つ.

$$d_{ij} + d_{ik} \geq d_{jk} \tag{1.5}$$

このとき，d_{jk} はメトリックである (Gower and Legendre, 1986). 実際，(1.2) と (1.5) を仮定すると，すべての順序対 (j,k) について次式が成り立つ.

$$d_{jk} \geq 0, \quad d_{jk} = d_{kj} \tag{1.6}$$

(1.5) と (1.6) から，すべての順序づけられた三つ組 (i,j,k) について，次式が成り立つ.

$$d_{ij} + d_{jk} \geq d_{ik} \tag{1.7}$$

すなわち d_{jk} はメトリックである．(1.5) は三角不等式よりも強い条件であることに注意しよう.

1.3.2　多次元尺度構成と距離関数

MDS では遠さを表す経験的データ（たとえば非類似性データ）に距離を対応させる．その場合に距離を，

$$d_{jj} = 0, \quad d_{jk} = d_{kj} = 1 \quad (j \neq k) \tag{1.8}$$

と定義しても，距離の公理を満たす．しかし空間配置を定めたいならば，この種の離散的な距離を設定する意義はない．MDS では，対象を位置づける座標空間を仮定し，連続的な値をとる距離を設定する．ここではその種の代表的な距離関数をあげておく．以下では，対象 j, k が r 次元空間に，それぞれ座標

$$\boldsymbol{x}_{(j)} = (x_{j1}, x_{j2}, \ldots, x_{jr})', \quad \boldsymbol{x}_{(k)} = (x_{k1}, x_{k2}, \ldots, x_{kr})' \tag{1.9}$$

を与えられたとする.

a) ユークリッド距離 (Euclidean distance)

$$d_{jk} = \left(\sum_{t=1}^{r}|x_{jt}-x_{kt}|^2\right)^{\frac{1}{2}} \qquad (1.10)$$

b) 市街地距離 (city block distance)

$$d_{jk} = \sum_{t=1}^{r}|x_{jt}-x_{kt}| \qquad (1.11)$$

c) 優越距離 (dominance metric)

$$d_{jk} = \max_{t}|x_{jt}-x_{kt}| \qquad (1.12)$$

d) ミンコフスキー距離 (Minkowsky distance)

$$d_{jk} = \left(\sum_{t=1}^{r}|x_{jt}-x_{kt}|^p\right)^{\frac{1}{p}} \qquad (1.13)$$

ミンコフスキー距離は L_p-距離あるいは p メトリックともよばれる．(1.13) で $p=1,2,\infty$ とおくと，それぞれ市街地距離（L_1 距離），ユークリッド距離（L_2 距離），優越距離（L_∞ 距離）に対応する．優越距離はチェビシェフの距離ともよばれる．図 1.1 は原点から等距離の曲線を，a) ユークリッド距離，b) 市街地距離，c) 優越距離，および d) $p=3$ のミンコフスキー距離の場合について示したものである．

ユークリッド距離は，我々が日常生活の中で非常に慣れ親しむ距離であり，MDS やクラスター分析などのデータ解析においても，最も使われる距離である．市街地距離は，心理学的に意味のある距離として使われる (Attneave, 1950)．この距離の意味は，碁盤目状の市街地（たとえば京都市，札幌市，マンハッタン）で，A 点から B 点まで移動するとき，その途中の経路にかかわらず，通過するブロックの合計が移動距離に対応する状況を連想するとわかりやすいであろう．優越距離も心理学的に意味ある距離として使われる．たとえば，2 つの刺激（対象）の比較に際して，各次元ごとに成分差を考えるとすれば，最大の成分差が対象間の心理的距離となる状況が対応する．

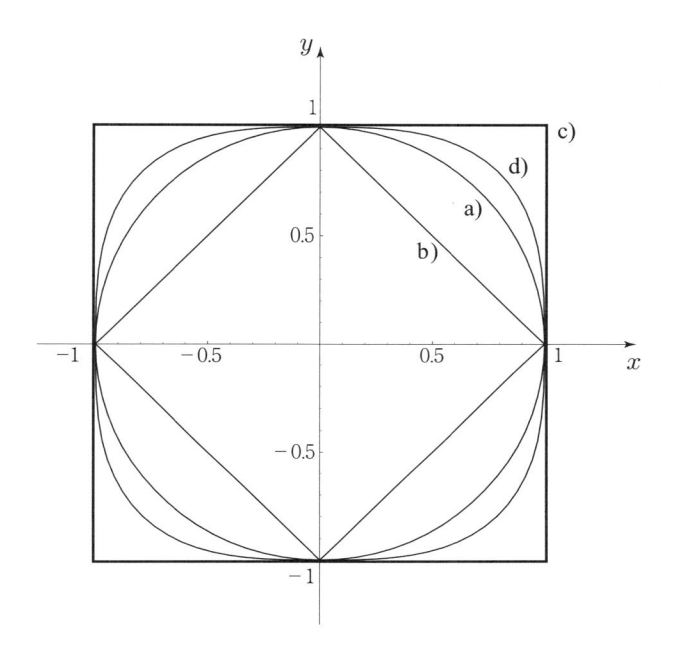

図 1.1 ミンコフスキー距離

1.4 クラスター分析とメトリック

MDS では上記のように，対象は空間内の点として表現され，任意の 2 点間に距離が定義される．これに対して，クラスター分析では，対象は必ずしも空間内の点として表現されるわけではないが，対象間の距離は定義される．よく使われる距離を紹介する．まず距離の公理 A4) を，次の条件に置き換える．

C1) 超距離不等式

すべての順序づけられた三つ組 (i, j, k) について次式が成り立つ．

$$d_{ij} \leq \max\{d_{jk}, d_{ik}\} \tag{1.14}$$

A1)，A2)，A3)，C1) を満たす実数値の関数 d_{jk} は，超距離 (ultrametric) とよばれる．これは後述するデンドログラムにかかわる議論で，重要な役割をもつ．A1)，A2)，A3)，C1) を仮定すると，次式が導かれる．

$$d_{ij} \leq d_{ij} + d_{ik} \leq d_{jk} + d_{ik} \tag{1.15}$$

したがって三角不等式が成り立つから，超距離はメトリックである．

クラスター分析で用いられるその他の距離として，距離の公理 A4) を次の C2) で置き換えた，相加的距離 (additive distance) がある．

C2) 四つ組相加性 (quadruple additivity)

すべての順序づけられた四つ組 (i, j, k, l) について，次式が成り立つ．

$$d_{ij} + d_{kl} \leq \max\{d_{ik} + d_{jl}, d_{il} + d_{jk}\} \tag{1.16}$$

この条件は 4 点条件とよばれることもある．

実数値関数 d_{jk} と距離の関係

超距離であれば相加的距離である．また，相加的距離であれば距離である．それぞれの命題の逆は成立しない．また，三つ組 (i, j, k) について，d_{jk} が超距離であるとすれば，d_{ij}, d_{jk}, d_{ik} の最大の 2 つは互いに等しく，残る 1 つより小さくない．すなわち一般性を失うことなく，

$$d_{ij} \leq d_{jk} \leq d_{ik}$$

とおく．このとき，d_{jk} が超距離であれば，次が成り立つ．

$$d_{ij} \leq d_{jk} = d_{ik} \tag{1.17}$$

さらに，四つ組 (i, j, k, l) について，d_{jk} が相加的距離であるとすれば，3 つの和 $d_{ij} + d_{kl}, d_{ik} + d_{jl}, d_{il} + d_{jk}$ の最大の 2 つは互いに等しく，残る 1 つより小さくない．すなわち，一般性を失うことなく，

$$d_{ij} + d_{kl} \leq d_{ik} + d_{jl} \leq d_{il} + d_{jk}$$

とおく．四つ組 (i, j, k, l) について，d_{jk} が相加的距離であるとすれば，

$$d_{ij} + d_{kl} \leq d_{ik} + d_{jl} = d_{il} + d_{jk} \tag{1.18}$$

が成り立つ．

距離の公理 A4) は，その名称のとおり，三角形の三辺の関係という幾何学的な解釈が可能である．上述より，四つ組相加性および超距離不等式についても，等辺が底辺より長いか等しい二等辺三角形を形成するという幾何学的な意味をもつ．これまで述べた実数値の関数 d_{jk} と距離にかかわる性質を，図 1.2 にまとめて示す．

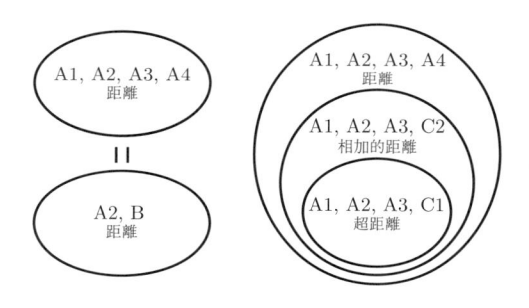

図 1.2 距離の関係

1.5 尺度水準とデータ変換

理工学的な分野で事象を観測する場合，たとえば物理学や電気工学の実験では，データは通常は数値で測定される．他方，人文科学や社会科学の分野で測定または記述されるデータは，数値に限らず，カテゴリ（分類）や状態の順序を表すことがある．換言すれば，変量 (variate) または変数 (variable) の測定について，理工学の場合には，数値尺度が使われる例が圧倒的に多いが，人文社会科学の場合には，数値尺度とそれ以外の尺度も併用される例が多い．この節では，データを測定するモノサシとして，さまざまな水準（レベル，level）の尺度 (scale) を説明する．対象の属性を測定することは，属性にある変量を対応させることを意味し，理工学の分野では，このことはほぼ自明の前提である．しかし人文科学や社会科学の分野では，必ずしも自明でなく，それゆえに観測変量とは別に潜在変量 (latent variate) を考える必要がある．

1.5.1 データの測定尺度

名義尺度

対象のある属性 x について，対象をカテゴリに分類したり，対象を記述するために標識や記号を用いる場合がある．たとえば人間を性別，学歴，出身地によって記述する場合や，患者を病名によって分類したり，花を色，形，においによって分類したりする場合である．このように属性がカテゴリ，標識，記号あるいは数値の排反的な集合によって記述されるとき，「属性 x は，名義尺度 (nominal scale) で測定される」という．たとえば，性別の集合，学歴の集合，病名の集合，色名の集合が，それぞれ名義尺度である．この尺度上では等値関係しか意味がない．もし対象を数値で記述しても，その数の大小関係は意味がない．たとえば野球選手の背番号の場合，その数字に数値としての意味はない．名義尺度の上では，等値関係は置換（1対1変換）に関して不変である．名義尺度で測定される変量はカテゴリカル変量 (categorical variate)，データはカテゴリカルデータとよばれる（日本語ではそれぞれ，カテゴリ変量，カテゴリデータともよばれる）．

順序尺度

対象のある属性 x について，等値関係のみならず順序関係も記述されるとき，属性 x は順序尺度 (ordinal scale) で測定されるという．学歴や職制上の地位は順序尺度の例である．心理的な評価対象を段階的に表現した結果，たとえば好ましさ，似ている度合い，関連性の強さなどは順序尺度とみなされる．順序尺度の上では，変量 x の等値関係，順序関係は単調関数 f による変換 $z = f(x)$ に関して不変である ($x_1 < x_2 \Rightarrow z_1 < z_2$)．順序尺度で測定される変量は順序変量 (ordinal variate)，データは順序データ (ordinal data, rank ordered data) とよばれる．

間隔尺度

対象のある属性 x について等値関係，順序関係，差が定義されるとき，属性 x は間隔尺度 (interval scale) で測定されるという．たとえば，摂氏温度 (C)

と華氏温度 (F) があげられる (F = 9C/5 + 32)．尺度 x 上での対象物 j の値 x_j を尺度値 (scale value) という．2 つの尺度値の差を間隔という．この尺度上では 1 次変換 $z = a + bx$ (a, b：定数, $a > 0$) に関して，等値関係，順序関係および 2 つの間隔の比，$(x_j - x_k)/(x_l - x_m)$ は不変である．つまり間隔尺度では原点と単位は任意である．

比例尺度

対象のある属性 x について等値関係，順序関係，差が定義され，さらに原点が定まるとき，属性 x は比例尺度 (ratio scale) で測定されるという．たとえば重さでは 1 ポンドが 0.453 kg と換算されるが，この尺度では相似変換 $z = ax$ ($a > 0$) に関して，これらの諸関係は保存される．つまり比例尺度では単位は任意であり，2 つの尺度値の比 x_j/x_k は単位に依存しない．

上記の尺度の中で，名義尺度は最も低い水準，比例尺度は最も高い水準と位置づけられる．名義尺度や順序尺度で測定される変量は質的変量 (qualitative variate)，データは質的データとよばれる．間隔尺度や比例尺度で測定される変量は，量的変量 (quantitative variate)，または数値変量 (numerical variate)，データは量的データ，または数値データとよばれる．

1.5.2 計量的データと非計量的データ

MDS やクラスター分析にかかわるデータ解析の用語として，計量的（メトリック, metric），非計量的（ノンメトリック, nonmetric）がある．これは本来，MDS の研究の初期に，非類似性データや心理的距離のデータを数学的距離（メトリック）とみなすことは可能か，という視点から派生した用語であった（詳細は 1.4 節参照）．MDS の研究が発展するにつれて，関連性データについて，次のような意味で使われるようになった．計量的データとは，間隔尺度あるいは比例尺度で測定されたデータ，すなわち数値データを意味する．非計量的データとは，広義には名義尺度あるいは順序尺度で測定されたデータを意味するが，狭義には順序尺度で測定されたデータを意味する（通常は狭義である）．

原データ $O = \{o_1, o_2, o_3\}$ があるとする．O が順序データであり，その順序情報，たとえば $o_1 > o_3 > o_2$ を利用する場合，O は非計量的データである．O に対応する順位データは $R = \{1, 3, 2\}$ であるが，R を数値データとして扱うとき計量的データ，R を $o_1 > o_3 > o_2$ の情報として扱うとき非計量的データとよぶ．原データ O が数値データのとき，計量的データとよぶことが多い．しかし O の数値としての精度が低く，その順序関係の情報のみ（極端な場合には名義尺度としての情報のみ）を利用するとき，O を非計量的データとよぶ．このように原データ O と，実際に分析されるデータ（すなわちモデルや手法への入力データ）は，尺度水準から見て必ずしも同じではない．

1.5.3 データ変換

関連性データの解析に際して，いろいろな種類のデータ変換が行われる．n 個の対象があり，対象 j, k の関連性 o_{jk} が数値として測定されたとき，データの全体を行列 $\boldsymbol{O} = (o_{jk})$ と表し，分散を $\mathrm{Var}(\{o_{jk}\})$ と記す．以下に，いくつかデータ変換の例をあげる．

1) モデルや分析結果のデータに対する適合性の評価のために，データの標準化を行う．たとえば，次式を満たすようにスケール変換をする．

$$\sum_{j=1}^{n} \sum_{k=1}^{n} o_{jk}^2 = 1 \tag{1.19}$$

$$\mathrm{Var}(\{o_{jk}\}) = 1 \tag{1.20}$$

(1.19) は単位の変換，(1.20) は単位と原点の変換に対応する．

2) o_{jk} が近さを示す指標（たとえば類似性）のとき，それを遠さを示す指標 s_{jk}（たとえば非類似性）に変換する場合がある．この類の変換は，一般に，f を強い意味での単調減少関数として，$s_{jk} = f(o_{jk})$ と表される（詳細は 2.1 節参照）．

3) データ行列 $\boldsymbol{O} = (o_{jk})$ は，しばしば非対称である．このような場合に対称化のデータ変換をする．たとえば，すべての対角要素が 0 のとき (1.21)，そうでないとき (1.22) の変換を適用する．

$$s_{jk} = \frac{1}{2}(o_{jk} + o_{kj}) \tag{1.21}$$

$$s_{jk} = \frac{1}{2}(o_{jk} + o_{kj} - o_{jj} - o_{kk}) \tag{1.22}$$

本書で説明する分析法はすべて，対称データを入力データとして扱う．しかしながら，対称化による情報損失を考慮する立場では，非対称データをそのまま分析する (Saito and Yadohisa, 2005) ことに注意しよう．

4) 原データの意味と採用する分析法の性質を考慮して，o_{jk} に簡単な関数を用いて o_{jk} を変換する．たとえば $o_{jk}^* = o_{jk}^{\frac{1}{2}}$，$o_{jk}^* = \log o_{jk}$ のように変換する．その後に，o_{jk}^* を改めて o_{jk} として扱い，上記 1) から 3) の変換を適用する．

以上は関連性データが原データとして所与であり，正方行列の形式にデータが整理される場合である（表 1.8 参照）．他方，原データが多変量データの形式で与えられ，適当な関連性の指標を定義することにより，関連性データを生成する場合がある（表 1.8 参照）．この操作もデータ変換といえるが，次節で詳細に説明する．

1.6 多変量データからの関連性データの生成

事象について原データは，関連性データでなく，多変量データの形式で与えられることがある．表 1.9 は，N 個の個体が，m 個の変量 $x_1, x_2, \ldots, x_m$ によって観測された多変量データを示す．変量の測定は，名義尺度，順序尺度，間隔尺度，比例尺度のいずれかによる．変量 x_j の観測データを，$\boldsymbol{x}_j = (x_{1j}, x_{2j}, \ldots, x_{Nj})'$ と表す．データの全体を，$N \times m$ のデータ行列 $\boldsymbol{X} = (x_{ij})$ で表す．

原データとして多変量データが所与の場合，変量間の関連性を何らかの指標 $\mathcal{M}$ によって定義し，関連性データを生成することがある．変量 x_j，x_k の関連性を s_{jk} と記すと，一般に $s_{jk} = \mathcal{M}(x_j, x_k)$ と表される．その結果，$m \times m$ の関連性データ行列 $\boldsymbol{S} = (s_{jk})$ を生成する．場合によっては，原データに対して適当な変数変換や基準化をした後に，関連性データを生成する．

指標 $\mathcal{M}$ は，変量の尺度水準に対応して定義される．ある尺度水準のデータ $\boldsymbol{x}_j$，$\boldsymbol{x}_k$ が所与のとき，$\mathcal{M}$ の定義はさまざまに提案される．ある定義が有

意味であるかどうかは，データの情報とは何かという根源的な問題に帰着し，それはさらに学問的立場に依存するからである．

この理由から，指標 $\mathcal{M}$ の名称も多様になる．この節では簡単に，$\mathcal{M}$ が変量間の近さを意味する場合に類似性とよび，遠さを意味する場合に非類似性とよぶことにする．2つの変量は，一般的には x_j, x_k と記すべきであるが，以下では簡単に x, y と記す．尺度水準ごとに，$\mathcal{M}(x,y)$ の代表的なものを紹介しよう．

1.6.1 カテゴリカルデータの場合

2値カテゴリカル変量

カテゴリカル変量が，2つのカテゴリによって測定され，かつ各カテゴリにダミー変数 1, 0 を割り当てる場合，2値カテゴリカル変量または2値変数 (binary variable) とよばれる．2値変数 x, y について，N 個の個体が観測された場合に，クロス集計をして，2×2 分割表を作れば表 1.10 を得る．

表 1.10　2×2 分割表

変量 x	変量 y		
	1	0	
1	a	b	n_1
0	c	d	n_2
	n_3	n_4	N

この度数を用いて，さまざまな指標が定義される．質的データを扱う分野，たとえば古くは動物学や植物学にかかわる生物分類学，人文科学，新しくは文献検索学などでは，この種のデータを扱うことが多い．2つの変量の有意味な一致（あるいは比較）とは何か，それは研究対象に深く依存する問題であるがゆえに，多種多様な指標が提案される．以下にいくつかをあげる．

$$s(x,y) = \frac{a}{a+b+c+d} \tag{1.23}$$

$$s(x,y) = \frac{a}{a+b+c} \tag{1.24}$$

$$s(x,y) = \frac{a+d}{a+b+c+d} \tag{1.25}$$

$$s(x,y) = \frac{a}{a+2(b+c)} \tag{1.26}$$

$$s(x,y) = \frac{a+d}{a+d+2(b+c)} \tag{1.27}$$

$$s(x,y) = \frac{a+d-(b+c)}{a+b+c+d} \tag{1.28}$$

$$s(x,y) = \frac{ad-bc}{((a+b)(a+c)(b+d)(b+c))^{1/2}} \tag{1.29}$$

$$s(x,y) = \frac{c}{a+b-c} \tag{1.30}$$

これらは総称として，一致係数 (matching coefficient)，連関係数 (association coefficient) とよばれる．(1.23) は Jacard の一致係数，(1.24) は Russel-Rao 係数，(1.25) は単純一致係数 (simple matching coefficient)，(1.27) は Rogers-Tanimoto 係数，(1.28) は Hamann 係数という．(1.29) はファイ係数とよばれるが，これは量的変量の場合の相関係数に対応する．以上はすべて類似性を表す指標である．(1.30) は非類似性を表し，Tanimoto 係数とよばれる．

指標 (1.25)，(1.27)，(1.28) は，互いに単調関係にある．また，指標 (1.24) と (1.26) は単調関係にある．(1.23)〜(1.27) の値域は，$0 \leq s(x,y) \leq 1$ である．(1.28) と (1.29) の値域は，$-1 \leq s(x,y) \leq 1$ である．これらの指標と距離（メトリック）の関係については，第 2 章で取り上げる．

多値カテゴリカル変量

個体に関して，2 つの特性 x，y は，ともに名義尺度で観測されるとする．変量 x に関して m 個のカテゴリ $\{x_1, x_2, \ldots, x_m\}$ があり，変量 y に関して n 個のカテゴリ $\{y_1, y_2, \ldots, y_n\}$ があるとする．N 個の個体を観測した結果は，表 1.11 のようなクロス集計表（分割表）で表される．N 個の個体の中で，カテゴリ x_j および y_k に属する個体数を f_{jk} とすると，行和，列和，総和は次式で表される．

$$f_{j\cdot} = \sum_{k=1}^{n} f_{jk}, \quad f_{\cdot k} = \sum_{j=1}^{m} f_{jk}, \quad N = \sum_{j=1}^{m}\sum_{k=1}^{n} f_{jk} \tag{1.31}$$

以下では $\ell = \min(m, n)$ とおく．

表 1.11 $m \times n$ 分割表

変量 x	変量 y				
	y_1	y_2	$\cdots$	y_n	
x_1	f_{11}	f_{12}	$\cdots$	f_{1n}	$f_{1\cdot}$
x_2	f_{21}	f_{22}	$\cdots$	f_{2n}	$f_{2\cdot}$
$\vdots$	$\vdots$	$\vdots$	$\ddots$	$\vdots$	$\vdots$
x_m	f_{m1}	f_{m2}	$\cdots$	f_{mn}	$f_{m\cdot}$
	$f_{\cdot 1}$	$f_{\cdot 2}$	$\cdots$	$f_{\cdot n}$	N

a) カイ 2 乗統計量

$$C^2(x, y) = \sum_{j=1}^{m}\sum_{k=1}^{n}\left(f_{jk} - \frac{f_{j\cdot}f_{\cdot k}}{N}\right)^2 \bigg/ \frac{f_{j\cdot}f_{\cdot k}}{N} \tag{1.32}$$

$$= N\left(\sum_{j=1}^{m}\sum_{k=1}^{n}\frac{f_{jk}^2}{f_{j\cdot}f_{\cdot k}} - 1\right)$$

$$0 \leq C^2(x, y) \leq (\ell - 1)N \tag{1.33}$$

ここで検定の理論は本書の範囲外であるが，(1.32) は，いくつかの仮定の下でカイ 2 乗分布に従う．このことから，その仮定なしに C^2 を記述的指標として使う場合，カイ 2 乗統計量とよぶのは妥当でないが，伝統的にそうよばれている．C^2 は個体数 N に比例して，数値は大きくなる．統計的検定においてはこれは有意味な性質であるが，記述的な類似性の指標としてはそうではない．

b) ファイ係数

カイ 2 乗統計量の欠点を補うものとして，ファイ係数がある．

$$\phi(x,y) = \left(\frac{C^2(x,y)}{N}\right)^{\frac{1}{2}} \tag{1.34}$$

この最大値は表のサイズ ℓ に依存する．

c) Cramér の連関係数

以上の a), b) の欠点を補うものとして，標準化した指標が Cramér の連関係数 (contingency coefficient) である．

$$V(x,y) = \left(\frac{C^2(x,y)}{(\ell-1)N}\right)^{\frac{1}{2}} \tag{1.35}$$

$$0 \leq V(x,y) \leq 1 \tag{1.36}$$

1.6.2 順序データの場合

個体に関して，2つの変量 x, y は，ともに順序尺度で観測されるとする．N 個の個体を観測した順序データを，$\boldsymbol{x} = (x_1, x_2, \ldots, x_N)$, $\boldsymbol{y} = (y_1, y_2, \ldots, y_N)$ と表す．このような場合，類似性を測る指標として順位相関係数 (rank correlation coefficient) がある．特に変量が順序カテゴリ (ordered category) で観測されるとき，順序連関係数が使われる．

a) Spearman の順位相関係数

N 個の個体を，変量 x に関して順位づけ，個体 i に与えた順位を r_i と記す．同様に変量 y に関して，個体 i に与えた順位を s_i と記す．$\{r_1, r_2, \ldots, r_N\}$ と $\{s_1, s_2, \ldots, s_N\}$ は，ともに $\{1, 2, \ldots, N\}$ の順列である．

$$\sum_{i=1}^{N} r_i = \sum_{i=1}^{N} s_i = \frac{1}{2}N(N-1)$$

Spearman の順位相関係数は次式で定義される．

$$\rho(x,y) = 1 - \frac{6}{N(N^2-1)} \sum_{i=1}^{N} (r_i - s_i)^2 \tag{1.37}$$

$$-1 \leq \rho(x,y) \leq 1 \tag{1.38}$$

これは順位数を実数とみなして計算した Pearson の相関係数に対応する．タイ（同順位）がある場合には，(1.37) は補正が必要になる (Siegel, 1956)．

b) Kendall の順位相関係数

データ $x_1, x_2, \ldots, x_N$ を小さいほうから大きい順（正順）に並び替え，その結果を $\xi_1, \xi_2, \ldots, \xi_N$ とおく．次に $y_1, y_2, \ldots, y_N$ を $\xi_1, \xi_2, \ldots, \xi_N$ に対応させて並び替えた結果を $\eta_1, \eta_2, \ldots, \eta_N$ とおく．ここで $\eta_1, \eta_2, \ldots, \eta_N$ を並べ替えて，何回入れ替えれば正順になるかを示す回数を C とする．Kendall の順位相関係数は次式で定義される．タイ（同順位）がある場合には，(1.39) は補正が必要になる (Siegel, 1956)．

$$\tau(x,y) = 1 - \frac{4C}{N(N-1)} \tag{1.39}$$

$$-1 \leq \tau(x,y) \leq 1 \tag{1.40}$$

c) 順序連関係数

x が順序のある m 個のカテゴリによって観測され，y が順序のある n 個のカテゴリによって観測されたとする．N 個の個体を観測した結果は，表 1.11 の分割表において，$\{x_1, x_2, \ldots, x_m\}$ が x の順序カテゴリ，$\{y_1, y_2, \ldots, y_n\}$ が y の順序カテゴリに対応するものになる．このとき

$$A = \sum_{i=1}^{m-1} \sum_{j=1}^{n-1} f_{ij} \left(\sum_{k=i+1}^{m} \sum_{\ell=j+1}^{n} f_{k\ell} \right) \tag{1.41}$$

$$B = \sum_{i=1}^{m-1} \sum_{j=2}^{n} f_{ij} \left(\sum_{k=i+1}^{m} \sum_{\ell=1}^{j-1} f_{k\ell} \right) \tag{1.42}$$

とおく．Goodman-Kruskal の順序連関係数 (rank contingency coefficient) γ は，次式によって定義される．

$$\gamma(x,y) = \frac{A+B}{A-B} \tag{1.43}$$

$$-1 \leq \gamma(x,y) \leq 1 \tag{1.44}$$

1.6.3 数値データの場合

個体に関して，2つの変量 x, y は，間隔尺度または比例尺度で観測されたとする．N 個の個体を観測した数値データを，$\boldsymbol{x} = (x_1, x_2, \ldots, x_N)$, $\boldsymbol{y} = (y_1, y_2, \ldots, y_N)$ と表す．

a) ユークリッド距離

$$d(x,y) = \left(\sum_{i=1}^{N}(x_i - y_i)^2\right)^{\frac{1}{2}} \tag{1.45}$$

b) 重みつきユークリッド距離

$$d(x,y) = \left(\sum_{i=1}^{N} w_i(x_i - y_i)^2\right)^{\frac{1}{2}} \tag{1.46}$$

$$w_i \geq 0 \ (i=1,2,\ldots,N), \quad \sum_{i=1}^{N} w_i^2 \neq 0 \tag{1.47}$$

c) 内積

$$p(x,y) = \sum_{i=1}^{N} x_i y_i \tag{1.48}$$

d) 相関係数

データの平均と分散をそれぞれ，$\bar{x}$, $\bar{y}$, s_x^2, s_y^2 とする．平均 0, 分散 1 に標準化したデータを

$$x_i^* = \frac{x_i - \bar{x}}{s_x}, \quad y_i^* = \frac{y_i - \bar{y}}{s_y} \quad (i=1,2,\ldots,N) \tag{1.49}$$

とおく．内積 $u(x^*, y^*)$ は Pearson の相関係数である．

$$r(x,y) = u(x^*, y^*) = \sum_{i=1}^{N} x_i^* y_i^* \tag{1.50}$$

$$-1 \leq r(x,y) \leq 1 \tag{1.51}$$

(1.45), (1.46), (1.50) は,原点の移動に関して不変であるが,(1.48) はそうでないことに注意しよう.

(1.49) のように標準化されたとき,

$$d(x^*, y^*) = 2^{\frac{1}{2}}(1 - r(x^*, y^*))^{\frac{1}{2}}$$

となる.したがって,$r(x^*, y^*) = 1$ ならば $d(x^*, y^*) = 0$ となる.標準化されていないとき,$r(x,y) = 1$ であっても,$d(x,y) \neq 0$ となりうる.たとえば,$y_i = a + bx_i$ $(i = 1, 2, \ldots, N)$ の場合である.

1.7 多次元尺度の構成

1.7.1 多次元尺度構成法の特徴

多次元尺度構成法 (MDS) の名でよばれる手法やモデルは多種多様であり,それぞれ開発された背景や歴史があるが,詳細は齋藤 (1980) を参照されたい.この節ではモデルと手法の厳密な区別をしない.広義の MDS については後で簡単にふれるが,単相 2 元データを扱う狭義の MDS は次の点を共通とする.

1) 関連性データ行列を入力データとする.

    1a) 原データとして与えられる場合.

    1b) 多変量データから生成される場合.

2) データの中に潜むパターンや構造を導出する.

3) 構造を,少数の次元の空間において幾何学的に表現する.

4) データに潜む構造を,離散的構造(クラスター構造,グラフ構造など)によってとらえる.

1.7 多次元尺度の構成

ここで関連性データは，1a) が多いが，1b) もある．1a) を扱うことが MDS の顕著な特徴である．2) は，多変量統計解析や一般のデータ解析にも共通する目的である．3) は MDS に特有な目的といえる．なお幾何学的表現は，構造をなるべく視覚的に理解しやすいもの，つまりユークリッド空間における表現が，実用上は最も重要である．

MDS を利用する立場を大別すれば 2 つある．

- A) データ縮約 (data reduction) の目的で MDS を利用する．つまり，データに含まれる情報を取り出すために MDS を探索手段として使う．
- B) MDS によって得た結果を，データを生み出した現象や過程に固有の構造として意味づける．

この 2 つの立場は相対的であり，厳密に区別できない．分析対象たる現象，事象について，研究（観察，経験）が過去に蓄積されている場合には，B) の立場をとることが多い．実験心理学の一分野はその例である．しかし現時点では B) の立場で得た MDS の結果を，将来に研究が進行した時点で見直せば，実は A) の立場の利用法であったということも多い．立場 B) を進めていくと，特定の現象や過程を説明するための MDS モデルが構築される．これはモデルの精緻化ともいえるが，その反面 A) の立場のモデルよりも汎用性を失うことになる．

MDS の大きな応用性は A) の立場にある．また計量心理学で発生した MDS が，広くデータ縮約の方法として行動科学全般に普及した理由も，A) の立場にある．ところで B) の空間的表現とは，潜在構造を連続的な構造としてとらえることを意味する．実際にデータの解析を進めていけば，A), B) いずれの立場にせよ，連続的な構造のみに執着することは非現実的になる．そこで 4) の立場が生じる．クラスター分析の結果を MDS によって導出された空間的表現の上に書き込むことは，3) と 4) の併用である．

たとえば表 1.12 は，6 種類の辛味の非類似性を心理的に評定したデータを示す．このデータに MDS を適用して，導出した 2 次元の空間配置を図 1.3 に示す．またこのデータにクラスター分析を適用すると，クラスター構造が導出される（図 1.4 参照）．その階層的構造は，図 1.3 に書き込まれている．

表 1.12 辛味の非類似性

辛味	唐辛子	わさび	辛子	ラー油	キムチ	カレー
唐辛子	0.00	3.56	2.69	3.00	1.56	3.44
わさび	3.56	0.00	1.94	4.06	3.69	4.25
辛 子	2.69	1.94	0.00	3.13	3.94	3.44
ラー油	3.00	4.06	3.13	0.00	2.38	3.19
キムチ	1.56	3.69	3.94	2.38	0.00	3.63
カレー	3.44	4.25	3.44	3.19	3.63	0.00

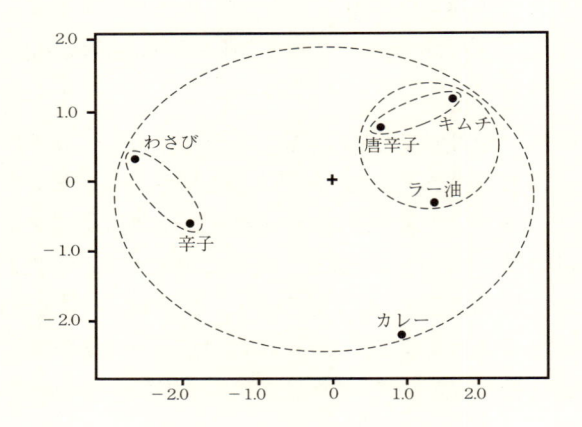

図 1.3 MDS による解析結果

　B) の立場で扱うデータは，実験心理学や社会心理学などの研究において，目的にそって計画された実験や調査を経て収集される．この立場で扱うデータは一般に，A) のデータよりも精度が高い．研究というよりも，業務上の統計や記録から得られる種類の関連性データ（たとえば，地域間の移住人口とか通話回数，物流のデータ）は，A) の立場から扱うであろう．このようなデータに MDS を適用した結果について，精緻に解釈することは通常は困難であり，B) の立場をとりにくい．

　ところで，MDS の手法やモデルが計量心理学を舞台として発展したことを考えれば，次のような MDS の応用研究が成り立つことは容易に想像されるであろう．

B1) 心理学の研究においては，類似性判断が行われる潜在的な空間（心理的空間）を研究対象として，その空間を形成する潜在要因（次元）およびその次元数を知ることが研究目的になる．非類似性判断，同異判断，混同率，連想，心理的距離などにかかわる心理的空間についても，そのモデル構築は研究目的になる．このような場合に MDS を利用する．

B2) タイプ B1) の研究が発展すると，心理的距離に対応する数学的距離の関数は何か，という研究課題が生まれ，その研究のために MDS を使う．

B3) 先行研究や知見に基づいて，ある現象に関する要因（変量）の構造について，何らかのモデルや仮説を構築できる場合がある．それを検証するために，実験（調査）によって多変量データを収集し，それから生成した関連性データ（上記 1b) に相当）に MDS を適用する．

1.7.2 尺度レベルと手法

前述したように，遠さの概念に対応する関連性指標の名称は多様であるが，代表して非類似性とよび，同様に，近さの概念に対応する関連性指標を類似性とよぶことにする．通常は一群の対象について，類似性データまたは非類似性データが観測される．2 種のデータを同時に観測することは，通常ありえない．一組の対象の順序対 (j, k) に関して，その類似性データを ψ_{jk} とし，非類似性データを ω_{jk} と表す．これらが数値として観測された場合には，$\omega_{jk} \geq 0$ ならば，ω_{jj} は最小値である．類似性については，通常 $\psi_{jk} \geq 0$ であり，ψ_{jj} は最大値として観測される．以下では便宜上，非類似性データ ω_{jk} に数学的距離（メトリック）に対応させて説明しよう．

MDS は，各対象 j を r 次元空間における点 $\boldsymbol{x}_{(j)} = (x_{j1}, x_{j2}, \ldots, x_{jr})'$ として表す．この空間で定義される距離を $d(\boldsymbol{x}_{(j)}, \boldsymbol{x}_{(k)})$ とするとき，それが

$$\omega_{jk} \sim d(\boldsymbol{x}_{(j)}, \boldsymbol{x}_{(k)}) \quad (j, k = 1, 2, \ldots, n) \tag{1.52}$$

と対応 ($\sim$) するように，$\boldsymbol{x}_{(j)}$ ($j = 1, 2, \ldots, n$) を定めることを目的にする．距離の関数形は，しばしば (1.10) から (1.13) が設定される．n 個の点の空間配

置を表す $n \times r$ 次の行列 $\boldsymbol{X} = (x_{jt})$ を

$$\boldsymbol{X} = (\boldsymbol{x}_1, \boldsymbol{x}_2, \ldots, \boldsymbol{x}_r) = (\boldsymbol{x}_{(1)}, \boldsymbol{x}_{(2)}, \ldots, \boldsymbol{x}_{(n)})' \tag{1.53}$$

と記す．ところで ω_{jk} の満たす条件として，段階的にさまざまな水準がありうる．

レベル1： ω_{jk} はメトリックである．

レベル2： ω_{jk} は対称であり，実数である．

レベル3： ω_{jk} は実数である．

レベル4： ω_{jk} は完全な順序，または部分的な順序である．

レベル1以外はすべてメトリックではないが，MDS の各手法（モデル）は，それぞれの尺度水準に対応して (1.52) が最もよく成立するように，適当な適合度基準を設定してそれを最適化することにより，$\boldsymbol{x}_{(j)}$ $(j = 1, 2, \ldots, n)$ を定める方針をとる．前記（1.3.2項参照）のように，計量的，非計量的の言葉は，手法に入力する関連性データの尺度水準を区別し，出力 $\boldsymbol{X}$ の尺度水準を意味しない．$\boldsymbol{X}$ は原始展開法（齋藤，1980）を除くすべての場合に，距離が定義される空間に座標を示す行列として定められることに注意する．

レベル1のデータは，必ずしもユークリッド距離を意味しないが，計量的多次元尺度構成で扱われる．レベル2のデータは，計量的多次元尺度構成で扱われる．レベル3のデータは，対称性を満たさないので，そのままではMDSを適用できない．対称性や最小性を満たすようにデータ変換が行われる．レベル4のデータは，間隔尺度や比例尺度の上で観測されないことを意味し，いわゆる非計量的多次元尺度構成で扱われる．この点を強調すると，MDS の定式化は次のように表現される．尺度水準に応じて選択した関数を $f(\cdot)$ とし，ω_{jk} を変換した量（変換データとよばれる）を，$\omega_{jk}^* = f(\omega_{jk})$ と記す．MDS は

$$Q = \sum_{j=1}^{n} \sum_{k=1}^{n} \left(\omega_{jk}^* - d(\boldsymbol{x}_{(j)}, \boldsymbol{x}_{(k)}) \right)^2 \longrightarrow \min \tag{1.54}$$

とするように，最小次元の空間に $\boldsymbol{X}$ を定める方法である．

以上に要約した MDS は，単相2元データの MDS に該当し，多様な MDS の中で最も基礎的なものである．本書ではこれに焦点を当てて，計量的手

法,準計量的手法,非計量的手法を解説する.広義の MDS に属するその他の手法やモデルとして,2 相 3 元データに関する個人差モデルまたは個体差モデル (individual difference model),2 相 2 元データに関する展開法モデル (unfolding model) などがあり,それぞれに尺度水準に対応した手法や確率的アプローチがある(齋藤,1980).なお MDS に関する成書として,高根 (1980),Cox and Cox (1994),Borg and Groenen (1997) をあげておく.

1.8 分類とクラスタリング

1.8.1 分類の特徴と諸概念

分類 (classification) は人間の営む最も根源的な作業の 1 つである.人間は日常的な生活や行動,あるいは実務や研究などの職業活動において,多種多様な分類(クラス分け)の作業を,意識的であれ無意識的であれ行い利用している.したがって分類という言葉は,非常に広義に用いられるが,ここで分類作業を示す用語の例をあげる.分類にかかわる研究が最も早く始まった生物学には,系統分類 (phylogenetic classification),数値分類学 (numerical taxonomy) がある.統計学には,同定 (identification),判別 (discrimination),クラスタリング (clustering) がある.心理学では範疇化 (categorization),同定があり,パターン認識には教師なしの学習 (unsupervised learning) などがある.

次に,分類作業の特徴を考えてみよう.10 万人の顧客名のリストがあり,性別,年齢,年収の属性が記録されているとする.この顧客の集合を,属性に関していくつかのクラス $C_1, C_2, \ldots, C_p$ に分けたいとする.この場合,クラス分けとはクラスの定義を述べることに帰着する.たとえば,

$$x \in C_1 \iff \{x \text{ は男性}\} \cap \{x \text{ は 30 歳代}\} \cap \{x \text{ の年収は 500 万円台}\}$$

となる.この種のクラス分けは,ソート (sorting) とよばれる.また,収集した植物標本 x を,植物図鑑の見本 a, b, c と照合しながら,どれに該当するかを決定する ($x = a$) ような作業は,同定とよばれる.他方,見本のクラス $A = \{a\}$,$B = \{b\}$,$C = \{c\}$ があり,x がそのクラスのどれに属するかを決定する ($x \in A$) ような作業は,判別とよばれる.

以上に述べたタイプの分類では，クラスの個数は既知であり，クラスが定義済みのクラス分け作業である．これと区別されるタイプのクラス分けがある．それは，n 個の対象の集合 $X = \{x_1, x_2, \ldots, x_n\}$ があり，X をいくつかのクラスに分ける場合である．ここでは，クラスの個数 p は未知であり，クラス $C_1, C_2, \ldots, C_p$ は未定義である．このようなクラス分けの作業をクラスタリングとよび，クラスはクラスター (cluster) とよぶ．

同定，判別では，クラス分けする対象に対して，事前情報または外的情報（クラス数，クラスの定義，分類基準）が所与であるが，クラスタリングではそのような情報は所与でない．その意味でクラスタリングとは，データから知識を獲得するための作業であり，教師なしの学習の一種とみなされる．それゆえに，クラスタリングでは，対象間に見い出される種々の「関係」に従って，クラスター $C_1, C_2, \ldots, C_p$ を決定することになる．「関係」とは，データ解析のレベルで定まることもあるが，通常はクラス分けの目的に依存して定められる．さらに本質的には，データの特性やそのデータを観測する学問領域の立場によって定められる．

本書で扱うクラスタリングでは，上記の「関係」に対応して，「対象が類似している，していない」，「対象が近い，遠い」，「対象が散らばっている，集まっている」などの直感的な概念を，さまざまな数理的基準によって明確化し，その基準に対応して多種多様な手法が定式化される．

なお社会的ネットワーク分析では，ネットワーク中におけるグループの形成過程や存在の有無，グループの個数や構造などが研究される (Wasserman and Faust, 1994)．ここでグループとは，あるグループ内のメンバーの間の関係が，それ以外のメンバーに対する関係よりも，相対的に密接（あるいは高頻度，強い）であるようなものをさす．グループの具体的な定義およびグループ数が既知の場合もあるが，未知の場合もある．この種の研究にクラスター分析が使われることもあるが（金子・薗部，1992)，ネットワーク分析に特有の方法が発展している (Fershtman, 1997)．

1.8.2 クラスター分析法

分類可能性の爆発

一切の事前情報なしの分類，すなわちクラスタリングを行う際に直面する問題を考えてみよう．n 個の対象があり，それらを k ($\leq n$) 個のクラスターに分類したい．i 番目のクラスターは，n_i ($i = 1, \ldots, k$) 個の対象を含むとする．また各対象は，必ず1つのクラスターに属すると仮定する．このとき，可能な分類の組合せの個数 γ は

$$\gamma = \frac{n!}{\prod_{i=1}^{k} n_i!} \quad \left(\text{ただし}, n = \sum_{i=1}^{k} n_i\right) \tag{1.55}$$

である．γ の値は，n が大きくなると爆発的に大きくなる．たとえば $n = 10$ のとき，7個と3個のクラスターに分類するならば，γ は120である．$n = 20$ のとき，$k = 2$，$k_1 = 10$，$k_2 = 10$ とすれば，$\gamma = 184,756$ である．通常のクラスタリングでは，k や $\{n_i\}$ が未知であるから可能性のある分類の総数は，整数 n のすべての分割 (partition) に対して γ を計算し，それを加えたものとなる．

この種の分割について考える．自然数を自然数の和で表すとき，順序を問わない分け方の個数の和を分割数 (partition number) という．たとえば，5の場合は，5，1+4，2+3，1+1+3，1+2+2，1+1+1+2，1+1+1+1+1 の7通りの表し方があり，分割数は7となる．分割数についての詳細は略すが，n が大きくなるに従い急激に大きな数になる．表1.13は20までの分割数を示す．n 個の対象を分類するには，すべての分割に対して (1.55) の値の数だけの可能性がある．n 個の対象に一連の整数番号をつけると，クラスター

表 1.13 分割数 P

n	1	2	3	4	5	6	7	8	9	10
P	1	2	3	5	7	11	15	22	30	42
n	11	12	13	14	15	16	17	18	19	20
P	56	77	101	135	176	231	297	385	490	627

が重複しない場合，クラスタリングの結果は前記の分割によって表される．

クラスター分析と手法

　一群の対象をクラスタリングする作業は，日本語では一般に，クラスター化（あるいは集落化）とよばれる．クラスター分析 (cluster analysis) とは，狭義には対象のクラスタリングを行うデータ解析の手法または作業をさすが，広義にはその作業に加えて，クラスターの解釈およびそれに基づいて，現象に関する知見の創出をさす．本書においてクラスター分析とは，通常は狭義であるが，数値例に関しては狭義と広義を必ずしも区別しない．

　クラスタリング作業の終了後に，対象のクラスター $C_1, C_2, \ldots, C_p$ が定まる．この結果を，本書ではクラスタリング結果という．なお，クラスターは重複する場合と，しない場合がある（1.8.3 項参照）．クラスター分析法とは，クラスタリングを行う手法（クラスタリング法），その結果の表現法，および結果の評価法を含む一連の手法の総称である．ところで，クラスタリングの基準を定めたとき，1つまたは複数のクラスタリング法が定式化される．1つの手法に対して，その基準を達成するアルゴリズム（計算手続き）は，複数個ありうる．

入力データ

　本書で取り上げるクラスター分析で扱うデータの形式は，大別して 2 つのタイプがある．第一のタイプは，対象間の関連性データであり，原データは正方行列 $S = (s_{jk})$ の形式で与えられる（表 1.8 参照）．ここで関連性とは，クラスタリングの目的からして，類似性あるいは非類似性を意味する．このタイプのデータを分析する手法は，多種多様である．原データのレベルで S は非対称でありうるが，手法の入力データのレベルではデータ変換を経て対称化される．なお本書の範囲外であるが，非対称データを直接的にクラスタリングする手法が発展している (Saito and Yadohisa, 2005)．

　以上は，単相 2 元データに関するクラスター分析の入力データの概要である．2 相 3 元データや 2 相 2 元データに関するクラスター分析法も存在する

が，本書では取り上げない．

　第二のタイプは，通常の多変量データ解析で扱うような多変量データであり，原データは長方行列 $\boldsymbol{X} = (x_{ij})$ の形式で与えられる（表 1.9 参照）．このような行列が 個体×変量 に対応する場合，クラスタリングの対象とは，分析目的に対応して，個体あるいは変量である．前者では個体のクラスター，後者では変量のクラスターが生成される．$\boldsymbol{X}$ を直接的に入力データとしてクラスタリングする手法も多様である．他方，$\boldsymbol{X}$ から類似性データまたは非類似性データ $\boldsymbol{S}$ を生成して，第一のタイプのデータを扱う手法を適用することもしばしば行われる．

1.8.3　クラスタリング法の基礎概念

　クラスタリング法にはさまざまなものがある．これらは，基礎概念，アルゴリズム，分類結果の表現法などによって特徴づけられる．ここでは特に重要なものとして，階層 (hierarchy) と非階層 (non-hierarchy)，凝集 (agglomeration) と分割 (division)，重複 (overlapping) と非重複 (non-overlapping) を説明しよう．

階層と非階層

　クラスタリング法を説明するうえで最も重要な概念に階層と非階層がある．階層的クラスタリング法 (hierarchical clustering method) は，段階的にクラスターを形成し，前段階のクラスターの分割または結合によって次段階のクラスターを形成する．樹形図またはデンドログラム (dendrogram) とよばれる二分木 (binary tree) によって，クラスタリング結果を表現することが可能である．言い換えれば，その結果に階層構造が存在する（図 1.4 参照）．一方，非階層的クラスタリング法 (non-hierarchical clustering methods) では，多くの場合クラスター数をあらかじめ指定する．そして適当な基準に基づき，一度にクラスターを形成する．クラスタリング結果には階層構造が存在しない．

　Sneath and Sokal (1973) のように，階層的であることを，単に段階が進むに従ってクラスター数が非増加であることのみで定義しているものもあるが，

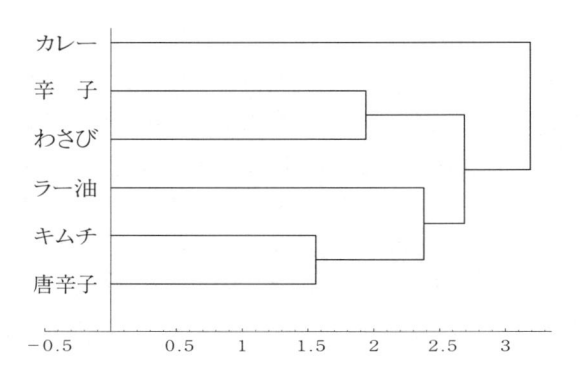

図 1.4 クラスター分析による解析結果

本書ではそれよりも限定的に，上記の階層の概念を取り扱う．

凝集と分割

n 個の対象を分類する階層的クラスタリング法には，凝集型と分割型の手法が存在する．凝集型では，まず最初に，n 個の対象を n 個のクラスターと考え，順に結合していく．最終的にはすべての対象が1つのクラスターになるまで続ける．分割型では，n 個の対象をすべて含んだクラスターを適当な基準に基づき，順に分割していき，最終的には n 個のクラスターになるまで続ける．

重複と非重複

非階層的クラスタリング法の中で，クラスタリング結果に重複があること，すなわち，1つの対象が複数のクラスターに属すことを許す手法を，重複型クラスタリング法とよぶ．この重複を許さない手法を非重複型クラスタリング法とよぶ．

本書では，一般に用いられることの多い，（非重複な）階層的クラスター分析法および（非重複な）非階層的クラスター分析法に着目し，その詳細について解説する．さらに，それらの手法の性質や評価法についても取り上げる．

最後に，クラスター分析に関するより専門的な書籍として，Gordon (1999)，Kaufman and Rousseeuw (1990)，Mirkin (1996) をあげておく．

1.9 設 問

1) 条件 (1.5) と (1.6) から，(1.7) を導出せよ．
2) 超距離ならば (1.17) が成立することを示せ．
3) 心理的距離の実験データに関して，距離の公理 A2) が経験的に成立するかどうか考察せよ．実験で認知的な刺激を使う場合と，知覚的な刺激を使う場合とでは，どうなるだろうか．
4) 指標 (1.25)，(1.27)，(1.28) の相互の単調関係を，グラフによって図示せよ．
5) $m = n = 2$ のとき (1.34) による $\phi(x,y)$ と，(1.29) による $s(x,y)$ の間には，$\phi(x,y) = |s(x,y)|$ の関係があることを示せ．
6) ある種の非常事態においては，|敵| と |味方|，|食える動物| と |食えない動物| の分類は生死を決める重要な課題となる．この課題は，広義の分類において，どのような作業に該当するか．

第2章

計量的多次元尺度構成法

2.1 はじめに

計量的多次元尺度構成法（計量的 MDS）の研究は，刺激（対象）の類似性（または非類似性，心理的距離）の判断の心理実験において，類似性がユークリッド空間における距離と線形関係にあるという仮説を，直観的に表現するモデルから始まった．一群の刺激の知覚または認知にかかわる潜在的な構造を，（非）類似性データから導出することが，計量心理学における MDS の発展をもたらした．1.5.3 項で述べたように，非類似性 s_{jk} は類似性 p_{jk} と一般に単調減少の関係にある．すなわち $f(\cdot)$ を単調減少関数とするとき，$s_{jk} = f(p_{jk})$ と考えてよいであろう．しかし $f(\cdot)$ が単調減少関数ならば，その関数形を問わずに，いかなる $f(p_{jk})$ も「心理的な」非類似性を表す，ということにはならない (Gregson, 1975)．たとえば単調減少関数

$$g(z) = -z \tag{2.1}$$

を考える．s_{jk} に対して，$p_{jk} = -s_{jk}$ を心理的な類似性とみなすこと，換言すれば (2.1) を心理的モデルとみなすことは，妥当でない．対角要素の対応関係を考えれば，ほぼ明らかであろう．しかしながら，類似性データ $\{p_{jk}\}$ を分析する手法に $\{-s_{jk}\}$ を入力しても，アルゴリズムとして支障がないことはありうる．そのような場合，(2.1) は操作的なデータ変換とみなすべきである（第 3 章，4 章参照）．

(非) 類似性判断において，判断の次元が被験者にとって明らかで，かつ次元数が既知である場合，心理的距離にはユークリッド距離よりも市街地距離が適合するという知見も存在する．しかし従来の研究によれば，きわめて多くの場合，心理的距離にはユークリッド距離がよく対応することが見い出されている．また類似性判断には，内積を対応させるモデルが用いられている．本章では最初に基礎的な理論を述べる．次にそれを利用して，非類似性データのMDS，類似性データのMDSを説明し，最後に数値例と設問を用意する．

　非類似性データまたは類似性データに潜む空間的構造を，MDSでは座標行列 X として導出する．X を空間的なイメージとして扱うとき，具体的には X を図示したもの（図的プロット）を空間配置 (spatial configuration) とよぶ．本来は，潜在空間とその空間における座標行列を区別すべきである．しかし潜在空間の具体的表現は，データ解析の結果として座標行列として得られるから，空間と空間配置を改めて区別しなくとも，本書の範囲では用語上の混乱は起こらないであろう．

2.2 基礎的な理論

2.2.1 非負定符号行列

　n 次対称行列 $B = (b_{jk})$ の固有値問題

$$Bz_t = \lambda_t z_t \quad (t = 1, 2, \ldots, n) \tag{2.2}$$

$$\lambda_1 \geq \lambda_2 \geq \cdots \geq \lambda_n \tag{2.3}$$

を取り上げる．固有ベクトルを正規化し，

$$z'_t z_t = 1, \quad z'_p z_q = 0 \quad (p \neq q) \tag{2.4}$$

とする．ここで行列 Z，Λ を

$$Z = (z_{jt}) = (z_1, z_2, \ldots, z_n) \tag{2.5}$$

$$\Lambda = \mathrm{diag}(\lambda_1, \lambda_2, \ldots, \lambda_n) \tag{2.6}$$

と定義する．記号 diag($\cdot$) は，対角行列を表す．すると Z は直交行列

$$Z'Z = ZZ' = I \tag{2.7}$$

であり，I は単位行列である．B のスペクトル分解は次のように表現される．

$$B = Z\Lambda Z' \tag{2.8}$$

$$b_{jk} = \sum_{t=1}^{n} \lambda_t z_{jt} z_{kt} \tag{2.9}$$

さて n 次対称行列 $B = (b_{jk})$ に対して，2 次形式

$$Q(x) = x'Bx = \sum_{j=1}^{n} \sum_{k=1}^{n} b_{jk} x_j x_k \tag{2.10}$$

を考える．B が $x \neq 0$ に対して $x'Bx \geq 0$ ならば，B は非負定符号 (positive semidefinite) とよばれる．この条件は，B の固有値 $\lambda_1, \lambda_2, \ldots, \lambda_n$ がすべて非負であることに等しい．非負定符号行列は次の性質をもつ．

性質 1： 行列 A, B が非負定符号ならば，$C = A + B$ は非負定符号である．

性質 2： 行列 A, B に対して，行列 $C = (c_{jk})$，ここで $c_{jk} = a_{jk} b_{jk}$ を定義し，$C = A * B$ と記す．A, B が非負定符号ならば，C は非負定符号である．

性質 1 を説明する．A, B が非負定符号ならば，$x \neq 0$ に対して，$x'Ax \geq 0$ かつ $x'Bx \geq 0$ である．したがって $C = A + B$ とおくと，

$$Q(x) = x'Cx = x'Ax + x'Bx \geq 0 \tag{2.11}$$

が成り立つ．よって C は非負定符号である．

性質 2 を説明する．$C = A * B$ について，2 次形式

$$Q(x) = x'Cx = \sum_{j=1}^{n} \sum_{k=1}^{n} c_{jk} x_j x_k$$

$$= \sum_{j=1}^{n} \sum_{k=1}^{n} a_{jk} b_{jk} x_j x_k \tag{2.12}$$

を考える．B のスペクトル分解 (2.9) を代入すると，

$$Q(\bm{x}) = \sum_{j=1}^{n}\sum_{k=1}^{n} a_{jk} x_j x_k \sum_{t=1}^{n} \lambda_t z_{jt} z_{kt}$$
$$= \sum_{t=1}^{n} \lambda_t \sum_{j=1}^{n}\sum_{k=1}^{n} a_{jk} x_j z_{jt} x_k z_{kt} \tag{2.13}$$

となる．2 次形式を

$$Q_t = \sum_{j=1}^{n}\sum_{k=1}^{n} a_{jk} y_{jt} y_{kt} \tag{2.14}$$

と定義する．ここで，$y_{jt} = x_j z_{jt}$ である．このとき，(2.12) は次のように表現される．

$$Q(\bm{x}) = \sum_{t=1}^{n} \lambda_t Q_t \tag{2.15}$$

$\bm{A} = (a_{jk})$ が非負定符号のとき，$Q_t \geq 0\ (t=1,2,\ldots,n)$ である．$\bm{B} = (b_{jk})$ が非負定符号のとき，$\lambda_t \geq 0\ (t=1,2,\ldots,n)$ であるから，$Q(\bm{x}) \geq 0$ である．よって $\bm{C}$ は非負定符号である．

2.2.2　いくつかの定理

分解定理

　n 次対称行列 $\bm{B}$ は，非負定符号かつ rank$\bm{B} = r$ ならば，$n \times r$ の行列 $\bm{A} = (\bm{a}_1, \bm{a}_2, \ldots, \bm{a}_r)$ を用いて，次のように分解表現される．

$$\bm{B} = \bm{A}\bm{A}' \tag{2.16}$$

ここで，rank は行列のランクを表す．この分解は Cholesky 分解とよばれる．この定理について説明する．条件より，

$$\lambda_1 \geq \lambda_2 \geq \cdots \geq \lambda_r > 0, \quad \lambda_t = 0 \quad (t = r+1, \ldots, n) \tag{2.17}$$

である．ここで

$$Z = (z_1, z_2, \ldots, z_r) \tag{2.18}$$

$$\boldsymbol{\Lambda}^{\frac{1}{2}} = \mathrm{diag}(\lambda_1^{\frac{1}{2}}, \lambda_2^{\frac{1}{2}}, \ldots, \lambda_r^{\frac{1}{2}}) \tag{2.19}$$

$$\boldsymbol{A} = \boldsymbol{Z}\boldsymbol{\Lambda}^{\frac{1}{2}} \tag{2.20}$$

とおくと，スペクトル分解 (2.8) は (2.16) の形式に書き換えられる．

Young-Householder の定理

n 個の対象があり，対象 j と k の順序対に関して定義された数値 s_{jk} が，次の条件

$$s_{jk} \geq s_{jj} = 0 \tag{2.21}$$

$$s_{jk} = s_{kj} \tag{2.22}$$

を満たすとする．ここで $(n-1)$ 次の対称行列 $\boldsymbol{B} = (b_{jk})$ を

$$b_{jk} = \frac{1}{2}\left(s_{jn}^2 + s_{kn}^2 - s_{jk}^2\right) \tag{2.23}$$

と定義する ($j, k = 1, 2, \ldots, n-1$)．もし

$$\boldsymbol{B}：\text{非負定符号 かつ } \mathrm{rank}\boldsymbol{B} = r \tag{2.24}$$

ならば，数値 s_{jk} は r 次元ユークリッド空間における点 j と k の距離とみなすことができる．逆に，s_{jk} が r 次元ユークリッド空間における距離であれば，(2.24) が成り立つ (Young and Householder, 1938).

この定理について説明しよう．まず記法を定める．p 次元ベクトル $\boldsymbol{z} = (z_1, z_2, \ldots, z_p)'$ の長さ（ノルム）を

$$\|\boldsymbol{z}\| = \left(\sum_{i=1}^{p} z_i^2\right)^{\frac{1}{2}} \tag{2.25}$$

と記す．最初に条件 (2.24) は，s_{jk} がユークリッド距離であるための十分条件であることを示す．$\boldsymbol{B}$ が非負定符号ならば，分解定理によって $\boldsymbol{B} = \boldsymbol{A}\boldsymbol{A}'$，すなわち

$$\boldsymbol{A} = (\boldsymbol{a}_{(1)}, \ldots, \boldsymbol{a}_{(n)})' \tag{2.26}$$

$$b_{jk} = \boldsymbol{a}'_{(j)} \boldsymbol{a}_{(k)} \tag{2.27}$$

と分解できる．ここで $\boldsymbol{a}_{(j)}$ は r 次元ベクトルである．(2.24) より

$$\mathrm{rank}\boldsymbol{A} = \mathrm{rank}\boldsymbol{B} = r \leq n-1 \tag{2.28}$$

(2.21) と (2.23) より

$$b_{jj} = \frac{1}{2}\left(2s_{jn}^2 - s_{jj}^2\right) = s_{jn}^2 \tag{2.29}$$

となる．ここで (2.27) を使うと

$$s_{jn}^2 = \boldsymbol{a}'_{(j)} \boldsymbol{a}_{(j)} \quad (j \neq n) \tag{2.30}$$

を得る．(2.23) に (2.27) と (2.30) を代入して

$$s_{jk}^2 = s_{jn}^2 + s_{kn}^2 - 2b_{jk} = (\boldsymbol{a}_{(j)} - \boldsymbol{a}_{(k)})'(\boldsymbol{a}_{(j)} - \boldsymbol{a}_{(k)}) \tag{2.31}$$

となる．(2.21) の非負性によって，次式を得る．

$$s_{jk} = \|\boldsymbol{a}_{(j)} - \boldsymbol{a}_{(k)}\| \quad (j, k = 1, 2, \ldots, n-1) \tag{2.32}$$

$$s_{jn} = \|\boldsymbol{a}_{(j)}\| \quad (j = 1, 2, \ldots, n-1) \tag{2.33}$$

したがって s_{jk} は，r 次元ユークリッド空間において点 n を原点とした距離とみなすことができる．

次に条件 (2.24) は，s_{jk} がユークリッド距離であるための必要条件であることを示す．s_{jk} が点 n を原点とした r 次元ユークリッド距離ならば，r 次元座標ベクトル $\boldsymbol{x}_{(j)}$ $(j = 1, 2, \ldots, n-1)$ を用いて，

$$s_{jk}^2 = \|\boldsymbol{x}_{(j)} - \boldsymbol{x}_{(k)}\|^2, \quad s_{jn}^2 = \|\boldsymbol{x}_{(j)}\|^2, \quad s_{kn}^2 = \|\boldsymbol{x}_{(k)}\|^2 \tag{2.34}$$

と表すことができる．これらを (2.23) に代入して

$$b_{jk} = \frac{1}{2}\left(\|\boldsymbol{x}_{(j)}\|^2 + \|\boldsymbol{x}_{(k)}\|^2 - \|\boldsymbol{x}_{(j)} - \boldsymbol{x}_{(k)}\|^2\right) = \boldsymbol{x}'_{(j)} \boldsymbol{x}_{(k)} \tag{2.35}$$

を得る．したがって $\boldsymbol{B} = (b_{jk})$ について，(2.24) が成立する．

Gower-Legendre の定理

n 個の対象があり,対象 j と k の順序対に関して定義された数値 s_{jk} が,次の条件

$$-1 \leq s_{jk} \leq 1 \quad (j \neq k), \quad s_{jj} = 1, \tag{2.36}$$

$$s_{jk} = s_{kj} \tag{2.37}$$

を満たすとする.$\boldsymbol{S} = (s_{jk})$ が非負定符号であり,rank$\boldsymbol{A} = r$ ならば $(1-s_{jk})^{\frac{1}{2}}$ は r 次元ユークリッド空間における距離とみなすことができる (Gower and Legendre, 1986).

定理について説明する.$\boldsymbol{S} = (s_{jk})$ が非負定符号でかつそのランクが r とする.分解定理により,$n \times r$ の行列 $\boldsymbol{X}$ を用いて,

$$\boldsymbol{S} = \boldsymbol{X}\boldsymbol{X}' \tag{2.38}$$

と表される.ここで

$$\boldsymbol{X} = (\boldsymbol{x}_{(1)}, \ldots, \boldsymbol{x}_{(n)})' \tag{2.39}$$

であり,$\boldsymbol{x}_{(j)}$ は r 次元座標ベクトルである.要素表現は

$$s_{jk} = \boldsymbol{x}'_{(j)} \boldsymbol{x}_{(k)} \tag{2.40}$$

である.このときユークリッド距離の 2 乗は

$$d_{jk}^2 = (\boldsymbol{x}_{(j)} - \boldsymbol{x}_{(k)})'(\boldsymbol{x}_{(j)} - \boldsymbol{x}_{(k)}) \tag{2.41}$$

これに (2.40) を代入すると,

$$d_{jk}^2 = s_{jj} + s_{kk} - 2s_{jk} \tag{2.42}$$

$$= 2(1 - s_{jk}) \tag{2.43}$$

を得る.したがって $(1-s_{jk})^{\frac{1}{2}}$ は r 次元ユークリッド距離である.

2.2.3 ユークリッド距離行列と座標行列の関係

ユークリッド距離と座標行列の関係をさらに考察しよう．準備として，n 次正方行列を，クロネッカーデルタ δ_{jk} を用いて，

$$\boldsymbol{H} = (h_{jk}) \tag{2.44}$$

によって定義する．ここで，

$$h_{jk} = \delta_{jk} - \frac{1}{n} \tag{2.45}$$

である．行列 $\boldsymbol{H}$ にはベキ等 (eidempotent) とよばれる次の性質

$$\boldsymbol{H} = \boldsymbol{H}' = \boldsymbol{H}^2 \tag{2.46}$$

がある．ある行列 $\boldsymbol{F} = (f_{jk})$ に対して，次の操作を $\boldsymbol{F}$ の二重中心化とよぶ．

$$\boldsymbol{G} = \boldsymbol{H}\boldsymbol{F}\boldsymbol{H} \tag{2.47}$$

$$g_{jk} = f_{jk} - f_{j\cdot} - f_{\cdot k} + f_{\cdot\cdot} \tag{2.48}$$

$\boldsymbol{G} = (g_{jk})$ の行平均と列平均は，それぞれゼロである．

r 次元ユークリッド空間における n 個の点の配置を，$n \times r$ の座標行列 $\boldsymbol{X} = (x_{jt})$ によって表し，ユークリッド距離行列を $\boldsymbol{D} = (d_{jk})$ とする．点 j の座標ベクトルを

$$\boldsymbol{x}_{(j)} = (x_{j1}, x_{j2}, \ldots, x_{jr})' \tag{2.49}$$

とし，重心ベクトルを $\bar{\boldsymbol{x}}$ とすると，

$$\boldsymbol{X} = (\boldsymbol{x}_{(1)}, \boldsymbol{x}_{(2)}, \ldots, \boldsymbol{x}_{(n)})', \quad \bar{\boldsymbol{x}} = \frac{1}{n}\sum_{j=1}^{n} \boldsymbol{x}_{(j)} \tag{2.50}$$

である．点 j の原点からの距離を d_{oj} と記すと，点間距離 d_{jk} は次式で表される．

$$\begin{aligned}
d_{jk}^2 &= \sum_{t=1}^{r}(x_{jt} - x_{kt})^2 \\
&= \sum_{t=1}^{r} x_{jt}^2 + \sum_{t=1}^{r} x_{kt}^2 - 2\sum_{t=1}^{r} x_{jt}x_{kt} \\
&= d_{oj}^2 + d_{ok}^2 - 2\boldsymbol{x}_{(j)}'\boldsymbol{x}_{(k)}
\end{aligned} \tag{2.51}$$

$D^{(2)} = (d_{jk}^2)$, $d = (d_{oj}^2)$ とおくと，上式の行列表示は (2.52) になり，それを二重中心化して (2.53) を得る．ここで $\mathbf{1} = (1, 1, \ldots, 1)'$ である．

$$D^{(2)} = d\mathbf{1}' + \mathbf{1}d' - 2XX' \tag{2.52}$$

$$HD^{(2)}H = -2HXX'H' \tag{2.53}$$

(2.53) の要素表現は

$$d_{jk}^2 - d_{j\cdot}^2 - d_{\cdot k}^2 + d_{\cdot\cdot}^2 = -2(\boldsymbol{x}_{(j)} - \bar{\boldsymbol{x}})'(\boldsymbol{x}_{(k)} - \bar{\boldsymbol{x}}) \tag{2.54}$$

となる．ここで，

$$d_{j\cdot}^2 = \frac{1}{n}\sum_{k=1}^{n} d_{jk}^2, \quad d_{\cdot k}^2 = \frac{1}{n}\sum_{j=1}^{n} d_{jk}^2, \quad d_{\cdot\cdot}^2 = \frac{1}{n^2}\sum_{j=1}^{n}\sum_{k=1}^{n} d_{jk}^2 \tag{2.55}$$

である．重心を原点に定めた座標行列を $\boldsymbol{X}_* = \boldsymbol{HX}$ とすると，(2.53) は

$$-\frac{1}{2}\boldsymbol{H}'\boldsymbol{D}^{(2)}\boldsymbol{H} = \boldsymbol{X}_*\boldsymbol{X}_*' \tag{2.56}$$

となる．したがって $\boldsymbol{X}_*$ は，$\boldsymbol{D}^{(2)}$ を二重中心化した行列の分解によって与えられる．直交行列 T に対して，$\tilde{\boldsymbol{X}} = \boldsymbol{X}_* T$ とおくと，$\boldsymbol{X}_*\boldsymbol{X}_*' = \tilde{\boldsymbol{X}}\tilde{\boldsymbol{X}}'$ となる．よって $\boldsymbol{X}_*$ は直交変換の不定性をもつ．

次の点に注意が必要である．

$$\tilde{d}_{jk}^2 = d_{jk}^2 + \alpha_j + \alpha_k \tag{2.57}$$

と変換し，対称行列 $\tilde{\boldsymbol{D}}^{(2)} = (\tilde{d}_{jk}^2)$ とおく．すると

$$\boldsymbol{HD}^{(2)}\boldsymbol{H} = \boldsymbol{H}\tilde{\boldsymbol{D}}^{(2)}\boldsymbol{H} \tag{2.58}$$

が成立する．したがって $\boldsymbol{D}^{(2)}$ と $\tilde{\boldsymbol{D}}^{(2)}$ からは，同一の座標行列 $\boldsymbol{X}_*$ を導出する．さらに

$$\tilde{d}_{jk}^2 = d_{jk}^2 + \alpha_j + \beta_k \tag{2.59}$$

と変換し，これより構成した非対称行列 $\tilde{\boldsymbol{D}}^{(2)}$ についても，(2.58) が成り立つ．

2.3 非類似性データの多次元尺度構成法

非類似性が比例尺度または間隔尺度の上で測定されるとき，非類似性データ $\{s_{jk}\}$ は数値として与えられる，いわゆるメトリックデータである．この節では，非類似性 s_{jk} がユークリッド距離 d_{jk} に対応する，というモデルを設定する．

$$s_{jk} \sim d_{jk} = \left(\sum_{t=1}^{r}(x_{jt}-x_{kt})^2\right)^{\frac{1}{2}} \tag{2.60}$$

ここで対応関係～は，計量的 MDS の場合，線形関係を仮定する．なお，ユークリッド距離以外の距離関数の対応もありうるが，ここでは取り上げない．以下では，Young-Householder の定理を基礎として，Torgerson (1952) の方法を説明する．通常，計量的 MDS とはこの方法をさす（なお下記の記述は，必ずしも原論文と同じではない）．

(2.21), (2.22) を満たす比例尺度の値として $\{s_{jk}\}$ が所与とする．それについて，Young-Householder の定理が成立し，n 個の対象をユークリッド空間に表現したとする．座標ベクトルを $\boldsymbol{\xi}_{(j)}$ $(j=1,2,\ldots,n)$ とすれば

$$s_{jk} = (\boldsymbol{\xi}_{(j)} - \boldsymbol{\xi}_{(k)})'(\boldsymbol{\xi}_{(j)} - \boldsymbol{\xi}_{(k)}) \quad (j=1,2,\ldots,n) \tag{2.61}$$

を満たす．原点に対応する対象の座標ベクトルは，ゼロベクトル $\boldsymbol{0}$ を割り当てる．r 次の直交行列 T と定数ベクトル $\boldsymbol{c}$ に対して，

$$\boldsymbol{\xi}^{*}_{(j)} = T\boldsymbol{\xi}_{(j)} + \boldsymbol{c} \quad (j=1,2,\ldots,n) \tag{2.62}$$

とすれば，$\{\boldsymbol{\xi}^{*}_{(j)}\}$ は (2.61) を満たす．したがって定理により導出される空間配置は，直交回転と平行移動の不定性をもつ．

(2.23) によって $\boldsymbol{B}$ 行列を作れば，特定の対象を原点にとった座標行列が定まる．前記の不定性を考慮すると，n 点の重心を原点に選べば座標行列を利用するときに便利である．回転の不定性は，空間配置を解釈しやすいように回転することにより補われる．

非類似性行列 $\boldsymbol{S} = (s_{jk})$ に関して，Young-Householder の定理が成立するとき，重心を原点とした座標行列 $\boldsymbol{X}$ を定めることを考える．前節の理論により，行列 $\boldsymbol{S}^{(2)} = (s_{jk}^2)$ および $\boldsymbol{B} = (b_{jk})$ を定義する．ここに

$$\boldsymbol{B} = -\frac{1}{2}\boldsymbol{H}'\boldsymbol{S}^{(2)}\boldsymbol{H} \tag{2.63}$$

$$b_{jk} = \frac{1}{2}\left(\frac{1}{n}\sum_{j=1}^{n}s_{jk}^2 + \frac{1}{n}\sum_{k=1}^{n}s_{jk}^2 - \frac{1}{n^2}\sum_{j=1}^{n}\sum_{k=1}^{n}s_{jk}^2 - s_{jk}^2\right) \tag{2.64}$$

である．rank $\boldsymbol{B} = r$ ならば，$n \times r$ の座標行列 $\boldsymbol{X}$ は，$\boldsymbol{B}$ の分解によって導出される．

Young-Householder の定理の成立を確認しない場合，(2.63) の $\boldsymbol{B}$ が非負定符号であっても，(2.58) の周辺の議論によって，s_{jk}^2 はユークリッド距離の2乗であるとは必ずしもいえない．通常のデータ解析の場面では，定理の成立を確認せずに，$\boldsymbol{B}$ の固有値問題に関する計算手続（2.2.1 項参照）に進む．その理由は，現実のデータについて定理が厳密に成立することは稀であることによる．

非類似性を測る比例尺度 s に対して，その単位を変換した尺度 $s' = \beta s$ ($\beta > 0$) を考える．尺度 s と s' の原点は共通である．非類似性データは，$s'_{jk} = \beta s_{jk}$ の関係にある．$\{s_{jk}\}$ から得る座標行列を $\boldsymbol{X}(s)$，$\{s'_{jk}\}$ から得る座標行列を $\boldsymbol{X}(s')$ とすると，$\boldsymbol{X}(s) = \beta\boldsymbol{X}(s')$ の関係にある．したがって，比例尺度値の非類似性データが与えられた場合，β は空間配置の伸縮にのみ寄与し，点の位置関係は不変であるから，$\beta = 1$ として一般性を失わない．

間隔尺度値の場合

s_{jk} が間隔尺度 s によって測定され，(2.22) を満たすが (2.21) を満たさないとする．この場合 MDS を行うために

$$s'_{jk} = s_{jk} + \alpha \quad (j \neq k) \tag{2.65}$$

と変換して，最小次元のユークリッド空間の距離となるように，α を定めたい．換言すれば，$\boldsymbol{B}(s')$ を非負定符号にし，かつランクを最小にする値が望ましい．そのような α を求める問題を加算定数問題 (additive constant problem) という．

例として，5 つの点の間の相対的な距離 s_{jk} が

$$S = \begin{pmatrix} 0 & 1 & 2 & 1 & -1 \\ 1 & 0 & 1 & 4 & 0 \\ 2 & 1 & 0 & 1 & -1 \\ 1 & 4 & 1 & 0 & 0 \\ -1 & 0 & -1 & 0 & 0 \end{pmatrix} \tag{2.66}$$

のように与えられたとする．この $\{s_{jk}\}$ に対して，最小次元のユークリッド空間に 5 つの点をおさめる加算定数は 4 である．実際に変換 $s'_{jk} = s_{jk} + 4$ $(j \neq k)$ を施すと，s'_{jk} は (2.21), (2.22) を満たす．この $\{s'_{jk}\}$ について，$B(s')$ を (2.23) によって作ると

$$B(s') = \begin{pmatrix} 9 & 0 & -9 & 0 \\ 0 & 16 & 0 & -16 \\ -9 & 0 & 9 & 0 \\ 0 & -16 & 0 & 16 \end{pmatrix} \tag{2.67}$$

となる．このとき，rank$B(s') = 2$ であり，$B(s')$ は非負定符号となる．こうして Young-Householder の定理が成立し，5 つの点が 2 次元ユークリッド空間に配置されて図 2.1 のようになる．$\alpha < 4$ のときは 5 点を実ユークリッド空間によって表現できない．たとえば $\alpha = 1, 2, 3$ としてみると，いずれの場合も $d_{45} + d_{25} < d_{24}$ となり，三角不等式が成立しない．また $\alpha > 4$ とすると，5 点は 2 次元以上のユークリッド空間におさまる．

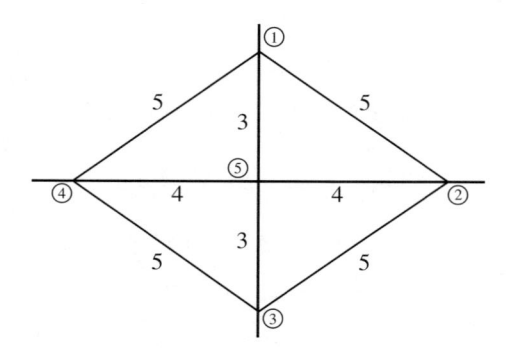

図 2.1 5 つの対象の 2 次元空間配置

加算定数 α の意味についてはさまざまな解釈が可能である．たとえば幾何的な表現として，心理的距離の判断において，刺激は心理空間における点ではなく球のような領域を占め，α はその球の直径を表すという仮説をたてれば，図 2.2 のように表される．この仮説に基づいて MDS が発展してきた (Saito, 1988)．

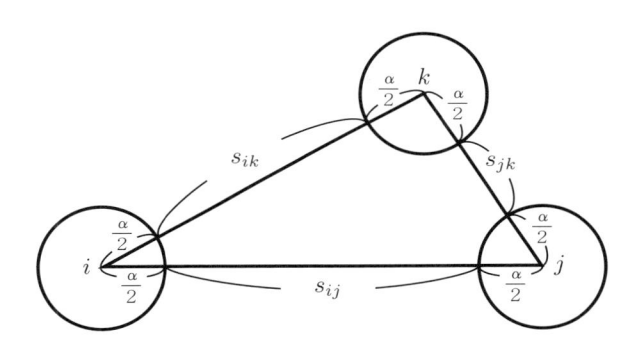

図 2.2 加算定数の幾何的モデル

変換 (2.65) において，α をきわめて大きい正の値にとれば，s'_{jk} は (2.21) と三角不等式を満たす．すなわち，s'_{jk} はメトリックになることは明らかである．たとえば，3 点 i, j, k が一直線上に並ぶ部分空間を仮定し，三角不等式がすべての三つ組 (i, j, k) について成立するような α を，次式によって求めることができる．

$$\alpha = \max_{i,j,k}(s_{ik} - s_{ij} - s_{jk}) \tag{2.68}$$

変換 (2.65) によって，s'_{jk} をユークリッド距離にする α は，理論的に次のように与えられる．$2n \times 2n$ の行列

$$C = \begin{pmatrix} O & -HS^{(2)}H \\ -I & -HSH \end{pmatrix} \tag{2.69}$$

を定義する．C の（実）最大固有値を γ とすると，$\alpha \geq \gamma$ のとき，s'_{jk} は高々 $n-2$ 次元のユークリッド空間における距離になることが理論的に示される (Cailliez, 1983)．しかしその値は，必ずしも最小次元のユークリッド空間の

距離をもたらすとはいえない．距離に関する理論的立場でなく，データ解析の立場から，次元数を指定して MDS の適合度を最大にする α を求める方法はいくつかある (Messick and Abelson, 1956; Saito, 1978).

2.3.1　空間配置の導出

ユークリッド空間に座標行列を定める方法を述べる．(2.63) より計算された $\boldsymbol{B}$ が非負定符号で $\mathrm{rank}\boldsymbol{B} = r$ ならば，分解定理により

$$\boldsymbol{B} = \boldsymbol{X}\boldsymbol{X}' \tag{2.70}$$

と分解できる．その可能性を検討するために，次の固有値問題を解く．

$$\boldsymbol{B}\boldsymbol{z}_t = \lambda_t \boldsymbol{z}_t \quad (t = 1, 2, \ldots, n) \tag{2.71}$$

$$\lambda_1 \geq \lambda_2 \geq \cdots \geq \lambda_n \tag{2.72}$$

ここで固有ベクトルを正規直交化する．

$$\boldsymbol{z}'_p \boldsymbol{z}_q = \delta_{pq} = \begin{cases} 1 & (p = q) \\ 0 & (p \neq q) \end{cases} \tag{2.73}$$

$\boldsymbol{B}$ が非負定符号かつ $\mathrm{rank}\boldsymbol{B} = r$ ならば

$$\lambda_1 \geq \lambda_2 \geq \cdots \geq \lambda_r > 0, \quad \lambda_{r+1} = \cdots = \lambda_n = 0 \tag{2.74}$$

となる．このとき r 次元ユークリッド空間における $n \times r$ の座標行列 $\boldsymbol{X}$ は，

$$\boldsymbol{x}_t = \sqrt{\lambda_t} \boldsymbol{z}_t \quad (t = 1, 2, \ldots, r) \tag{2.75}$$

$$\boldsymbol{X} = (\boldsymbol{x}_1, \boldsymbol{x}_2, \ldots, \boldsymbol{x}_r) \tag{2.76}$$

によって定めることができる．(2.63) の定義から，(2.75) で与えられる空間配置の重心は原点に一致する．これは次のように確かめられる．

$\mathrm{rank}\boldsymbol{B} = r \geq n-1$ であるから，$\boldsymbol{B}$ は固有値 0 をもち，それに対応する固有ベクトル $\boldsymbol{1}$ が存在する．このことは，(2.63) より $\boldsymbol{B}$ の各行和が 0 であり，$\boldsymbol{B}\boldsymbol{1} = 0\boldsymbol{1}$ と書けることからもわかる．他の固有値に対応する固有ベクトルを

z_t と記す．固有ベクトルの直交性から，$1'z_t = 0$ となる．すなわち重心は原点に一致する．

(2.63) を利用する意義を考えよう．データ $\{s_{jk}\}$ は誤差を含むのが通常であり，それは統計的に変動する．すると，導出される座標行列 X も変動する．このようなとき，(2.23) を用いて B 行列を作ると，原点の選び方によって X に偏りが生ずる可能性がある．そこで特定の点ではなく，n 個の点の重心を原点に選べば，偏りが相殺された空間配置を得られて実用に便利である．

現実のデータに関して，(2.74) のように明確に非負定符号性が成立することは少ない．むしろ，いくつかの正の固有値が大きく，それ以外のものが 0 に近い状態，すなわち

$$\lambda_1 \geq \lambda_2 \geq \cdots \geq \lambda_r > 0, \quad |\lambda_t| \approx 0 \quad (t = r+1, \ldots, n) \tag{2.77}$$

あるいは，適当に設定した基準値を ε とするとき，

$$\lambda_1 \geq \lambda_2 \geq \cdots \geq \lambda_r > \varepsilon, \quad |\lambda_t| \leq \varepsilon \quad (t = r+1, \ldots, n) \tag{2.78}$$

という状態を生ずることが多い．したがって現実のデータ解析の場面では，$\lambda_1, \ldots, \lambda_r$ が誤差に帰因すると考えられる他の固有値 $\lambda_{r+1}, \ldots, \lambda_n$ と比較して十分に大きければ，潜在空間の次元数を r と決めることになる．

2.3.2 適合度の検討

空間配置 X における点間距離を d_{jk} とすると，

$$d_{jk}^2 = \sum_{t=1}^{r}(x_{jt} - x_{kt})^2 = \sum_{t=1}^{r} \lambda_t (z_{jt} - z_{kt})^2 \tag{2.79}$$

(2.73) を用いて次式を得る．

$$\sum_{j=1}^{n}\sum_{k=1}^{n} d_{jk}^2 = 2n \sum_{t=1}^{r} \lambda_t \tag{2.80}$$

$$\sum_{j=1}^{n} d_{oj}^2 = \sum_{j=1}^{n}\sum_{t=1}^{r} x_{jt}^2 = \sum_{t=1}^{r} \lambda_t \sum_{j=1}^{n} z_{jt}^2 = \sum_{t=1}^{r} \lambda_t \tag{2.81}$$

前記のように，分解定理の条件が (2.74) のような形で完全に成立すれば，非類似性 s_{jk} はユークリッド距離 d_{jk} に一致する．このとき $\{s_{jk}\}$ に対する $\{d_{jk}\}$ の適合度は完全である．しかし現実のデータでは，分解定理の条件は (2.77) または (2.78) の形で不完全に成立する場合が多い．このとき $\{d_{jk}\}$ は $\{s_{jk}\}$ に対する近似である．その近似の度合を相対誤差 γ で測り，それを標準化して適合度 θ を定義する．

$$\gamma = \sum_{j=1}^{n}\sum_{k=1}^{n}(s_{jk}-d_{jk})^2 \Big/ \sum_{j=1}^{n}\sum_{k=1}^{n}s_{jk}^2 \tag{2.82}$$

$$\theta = \frac{1}{1+\gamma} \tag{2.83}$$

θ が大きいほど MDS モデルの適合度がよいことを意味し，値域は

$$0 < \theta \leq 1 \tag{2.84}$$

である．

計量的 MDS は，s_{jk} が d_{jk} に対応するというモデルに基づくが，実際の計算法では $\{s_{jk}\}$ を $\{d_{jk}\}$ で直接的に近似する解を求めるわけではないことに注意する．詳細は省略するが，計量的 MDS の手続きは，行列 $\boldsymbol{B}=(b_{jk})$ を最小ランクの行列

$$\hat{\boldsymbol{B}} = (\hat{b}_{jk}) \tag{2.85}$$

によって最良近似する操作である．ここで，

$$\hat{b}_{jk} = \sum_{t=1}^{r} a_{jt}a_{kt} \tag{2.86}$$

である．この近似の度合を示す指標として

$$\phi = \sum_{j=1}^{n}\sum_{k=1}^{n}\hat{b}_{jk}^2 \Big/ \sum_{j=1}^{n}\sum_{k=1}^{n}b_{jk}^2 \tag{2.87}$$

を定義する．これは次の値域をとる．

$$0 < \phi \leq 1 \tag{2.88}$$

ϕ は実際の計算上の適合度という意味で，θ よりも直接的な指標といえる．しかしモデルの概念上は，ϕ のほうが間接的な指標である．モデルのデータに対する適合度を吟味するときには，統計的指標 θ, ϕ の検討とならんで，$\{s_{jk}\}$ 対 $\{d_{jk}\}$，$\{b_{jk}\}$ 対 $\{\hat{b}_{jk}\}$ のプロットを視覚的に検討することが重要である．

ϕ は固有値で表現されることを示そう．対称行列の性質により，$\boldsymbol{B}$ および $\hat{\boldsymbol{B}}$ について，

$$\sum_{j=1}^{n}\sum_{k=1}^{n} b_{jk}^2 = \sum_{t=1}^{n} \lambda_t^2 \tag{2.89}$$

$$\sum_{j=1}^{n}\sum_{k=1}^{n} \hat{b}_{jk}^2 = \sum_{t=1}^{r} \lambda_t^2 \tag{2.90}$$

が成り立つ．この 2 式より

$$\phi(r) = \sum_{t=1}^{r} \lambda_t^2 \Big/ \sum_{t=1}^{n} \lambda_t^2 \tag{2.91}$$

を得る．次元数を吟味するとき，通常は $\boldsymbol{B}$ の固有値を全部求める．(2.87) によって ϕ を計算することは，数値計算のチェックとしての意義があるが，むしろ (2.91) に従って ϕ を計算するほうが簡単である．(2.91) は ϕ が内積 $\{b_{jk}\}$ に関する適合度を示すと同時に，潜在空間の次元数の吟味にも使えることを示す．固有値の分布が (2.74) のとき，距離 d_{jk} は完全に s_{jk} を再現するから，$\theta = \phi = 1$ となる．

2.3.3 空間配置の幾何的性質

前記したように，$\boldsymbol{X}$ の重心を原点にとることにより，$\boldsymbol{X}$ の平行移動について不定性は除かれている．しかし依然として $\boldsymbol{X}$ は，直交回転の不定性を含む．$n \times r$ の座標行列 $\boldsymbol{X} = (x_{jt})$ を，次元 t に潜在変量 t を対応させて，r 変量データとみなす．変量 p と q の共分散を σ_{pq} とすれば（変量 p の平均値が 0 だから），

$$\sigma_{pq} = \sum_{j=1}^{n} x_{jp} x_{jq} = \sqrt{\lambda_p \lambda_q}\, \boldsymbol{z}_p' \boldsymbol{z}_q = \lambda_p \delta_{pq} \tag{2.92}$$

となる．したがって共分散行列 $\boldsymbol{\Sigma} = (\sigma_{pq})$ は，

$$\boldsymbol{\Sigma} = \mathrm{diag}(\lambda_1, \lambda_2, \ldots, \lambda_r) \tag{2.93}$$

となる．よって

$$\det \boldsymbol{\Sigma} = \prod_{t=1}^{r} \lambda_t \tag{2.94}$$

を得る．ここで det は行列式を表す．こうして r 個の固有値の積は，一般化分散の意味で空間配置に関する点のバラツキを示す．他方，(2.80), (2.81) より，$\sum_{t=1}^{r} \lambda_t$ は原点からの距離の 2 乗和，$2n \sum_{t=1}^{r} \lambda_t$ は点間距離の 2 乗和という意味で，それぞれ空間配置 $\boldsymbol{X}$ に関する点のバラツキを表している．ちなみに (2.64) より

$$\sum_{t=1}^{n} \lambda_t = \mathrm{tr} \boldsymbol{B} = \frac{1}{2n} \sum_{j=1}^{n} \sum_{k=1}^{n} s_{jk}^2 \tag{2.95}$$

となる．ここで，tr は行列のトレースを表す．$\boldsymbol{S}$ の固有値を μ_t $(t = 1, 2, \ldots, n)$ とすると，次式が成り立つ (Saito, 1978).

$$\sum_{j=1}^{n} \sum_{k=1}^{n} s_{jk}^2 = \sum_{t=1}^{n} \mu_t^2 = 2n \sum_{t=1}^{n} \lambda_t \tag{2.96}$$

これを (2.80) と対比すれば，$2n \sum_{t=1}^{n} \lambda_t$ が非類似性データに関する一種のバラツキを示しており，興味深い．したがって，必ずしもすべての固有値が非負でない場合，すなわち (2.74), (2.77), (2.78) のような場合，指標

$$\psi(r) = \frac{\sum_{j=1}^{n} \sum_{k=1}^{n} d_{jk}^2}{\sum_{j=1}^{n} \sum_{k=1}^{n} s_{jk}^2} = \frac{\sum_{t=1}^{r} \lambda_t}{\sum_{t=1}^{n} \lambda_t} \tag{2.97}$$

は，2 乗データ全体に関する説明率を表すことがわかる．固有値がすべて非負の場合，すなわち (2.74) のような場合，p $(< r)$ に対して，累積寄与率

$$\psi(p) = \frac{\sum_{t=1}^{p} \lambda_t}{\sum_{t=1}^{r} \lambda_t} = \frac{\sum_{t=1}^{p} \lambda_t}{\mathrm{tr} \boldsymbol{B}} \tag{2.98}$$

は，r 次元ユークリッド空間を p 次元ユークリッド空間で縮約する効率を示すとともに，上記の意味のデータ説明率を表している．

2.4 類似性データの多次元尺度構成法

対象間の類似性データを収集する状況として,

A) 類似性 p_{jk} は,実験や調査によって原データとして直接的に測定される場合.

B) 類似性 p_{jk} は,多変量データから間接的に生成される場合.

の2つがある.A) の場合,類似性 p_{jk} が比例尺度または間隔尺度の上で測定された数値として与えられる.このデータを解析する立場は3つある.

A1) 単調減少関数 $f(\cdot)$ を用いて,類似性 p_{jk} を非類似性 $s_{jk} = f(p_{jk})$ に変換し,非類似性 s_{jk} に前節の MDS 手法を適用する.データ解析の立場では,操作的に単純な関数形が使われる.たとえば,

$$s_{jk} = \text{const} - p_{jk} \tag{2.99}$$

とする.ここで,

$$\text{const} = \max_{j,k} p_{jk} \tag{2.100}$$

である.知覚,感覚,認知などにかかわる心理学的研究では,$f(\cdot)$ として心理学的に意味のあるモデルを設定する.

A2) 類似性判断のモデルによって,データ $\{p_{jk}\}$ を解析する.この種のデータは,実験心理学の研究として,類似性判断の教示を被験者に課すことにより収集される.

A3) 類似性行列 $\boldsymbol{P} = (p_{jk})$ に分解定理を応用する.

以下,A2) と A3) は簡単に説明し,データ解析法として実用的な B) について詳しく説明しよう.

2.4.1 類似性に関する内積モデル

類似性判断を説明するモデルは,計量心理学分野で研究されている.MDS の分野で設定される最も単純なモデルは,対象をベクトル $\boldsymbol{x}_{(j)}$ で表し,類似性 p_{jk} にベクトルの内積 b_{jk} を対応させる.

$$p_{jk} \sim b_{jk} = \boldsymbol{x}'_{(j)}\boldsymbol{x}_{(k)} \tag{2.101}$$

これと比較して，非類似性（心理的距離）に距離を対応させて似ていないほど遠いとみなすモデルは，直感的に理解しやすい．しかし似ているほど内積が大きいというモデルは非常に難しい前提を含む．その点を検討するために，距離と内積（スカラー積，scalar product）の概念を検討しよう．

2点 P，Q の距離 d_{PQ} は，空間の原点の定義なしに定められる．他方，2点 P，Q をそれぞれ，原点 O を始点とする位置ベクトル $\overrightarrow{\mathrm{OP}}$, $\overrightarrow{\mathrm{OQ}}$ の終点とみなすことができる．その場合 2 点 P，Q 間の距離とは，いうまでもなく端点 P，Q 間の距離 d_{PQ} である．原点の位置を変えれば位置ベクトルは変わるが，d_{PQ} の値は 2 つの端点だけで定まり原点の位置は無関係である．他方，ベクトルの内積は，原点を定義しないと定まらない．ベクトルの長さを ℓ_P，ℓ_Q とし，ベクトルのなす角度を θ とすると，内積は

$$\overrightarrow{\mathrm{OP}} \cdot \overrightarrow{\mathrm{OQ}} = \ell_P \ell_Q \cos\theta \tag{2.102}$$

によって与えられるが，これは原点を含めた 3 点に依存する量である．以上の考察から，何らかの心理実験によって，内積の直接的な判断を被験者に課すことは難しいとわかる．

モデル (2.101) に基づく MDS 手法 (Ekman, 1963) を説明する．刺激（対象）j, k を被験者に提示し，距離の比の判断が可能であるとの前提の下で，2種類の相対判断を被験者に課す．最初に刺激 j を基準として刺激 k にはどの程度 j の成分が含まれているかという質問に対して，数値 q_{kj} (> 0) を被験者に回答させる．次に刺激 k を基準として，刺激 j にはどの程度 k の成分が含まれているかという質問に対して，数値 q_{jk} (> 0) を被験者に回答させる．

刺激 j をベクトル $\boldsymbol{a}_{(j)}$ で表すと，内積モデルは図 2.3 のように示される．

$$b_{jk} = \boldsymbol{a}'_{(j)}\boldsymbol{a}_{(k)} = \ell_j \ell_k \cos\theta_{jk} \tag{2.103}$$

最初の判断は，ベクトル $\boldsymbol{a}_{(j)}$ を判断の軸にとり，その上で ℓ_j に対するベクトル $\boldsymbol{a}_{(k)}$ の正射影 t_{jk} の比

$$q_{kj} = \frac{t_{kj}}{\ell_j} = \frac{\ell_k \cos\theta_{jk}}{\ell_j} \tag{2.104}$$

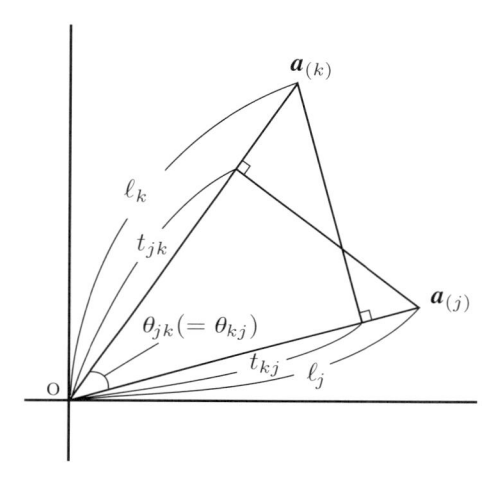

図 2.3 内積モデル

に対応するとみなす．同様に刺激 k を基準にした相対判断は

$$q_{jk} = \frac{t_{jk}}{\ell_k} = \frac{\ell_j \cos\theta_{kj}}{\ell_k} \tag{2.105}$$

に対応するとみなす．こうして被験者の回答の全体は，データ行列 $\boldsymbol{Q} = (q_{jk})$ としてまとめられる．ここで $q_{jj} = 1\ (j = 1, 2, \ldots, n)$ である．(2.105) より，

$$q_{jk}\ell_k^2 = \boldsymbol{a}'_{(j)}\boldsymbol{a}_{(k)} \tag{2.106}$$

となる．$\ell_k^2\ (k = 1, 2, \ldots, n)$ を何らかの方法で推定すれば，内積行列 $\boldsymbol{B} = (b_{jk})$ を設定できる．$\{b_{jk}\}$ は最小 2 乗法により推定できる．すると分解定理を利用して $\boldsymbol{B} = \boldsymbol{X}\boldsymbol{X}'$ と分解し，座標行列 $\boldsymbol{X}$ を導出できる．この場合，直交変換の不定性がある．

データ行列 $\boldsymbol{Q}$ から $\boldsymbol{a}_{(j)}(j = 1, 2, \ldots, n)$ を求める簡単な方法を紹介する．上式から

$$\cos\theta_{jk} = (q_{jk}q_{kj})^{\frac{1}{2}} \tag{2.107}$$

$$\frac{\ell_j}{\ell_k} = \left(\frac{q_{jk}}{q_{kj}}\right)^{\frac{1}{2}} \tag{2.108}$$

を得る．空間配置の尺度単位を任意に選ぶことができる．たとえば $\ell_1 = 1$ とおく．すると (2.107) と (2.108) を用いて，$\boldsymbol{a}_{(1)}, \boldsymbol{a}_{(2)}, \ldots$ を順に決めていくことができる．

対称行列 $\Psi = (\cos\theta_{jk})$ を定義する．これを分解定理によって

$$\Psi = \boldsymbol{U}\boldsymbol{U}', \quad \boldsymbol{U} = (\boldsymbol{u}_{(1)}, \ldots, \boldsymbol{u}_{(n)}) \tag{2.109}$$

と分解すれば，$\boldsymbol{u}_{(j)}$ は $\boldsymbol{a}_{(j)}$ の方向の単位ベクトルを表す．

なお上記の簡便法以外に，$\boldsymbol{Q}$ が所与のとき $\boldsymbol{B}$ を求める手法として，代数的解法 (Ekman, 1963)，最小 2 乗法 (Micko and Lehmann, 1969) がある．また，内積に基づくモデルとしては，Ekman のモデル以外に，Bechtel et al. (1971) によるモデルがある．

2.4.2 主座標分析

n 個の対象に関する対称な類似性行列 $\boldsymbol{P} = (p_{jk})$ がある．最初に，$\boldsymbol{P}$ は次の条件を満たすと仮定する．

$$\boldsymbol{P} : 非負定符号 \text{ かつ } \mathrm{rank}\boldsymbol{P} = r \tag{2.110}$$

分解定理を適用すると，(2.38) から (2.42) までの議論がそのまま成り立つ．すなわち，$n \times r$ の座標行列 $\boldsymbol{X} = (\boldsymbol{x}_{(1)}, \boldsymbol{x}_{(2)}, \ldots, \boldsymbol{x}_{(n)})'$ を用いて，次のように $\boldsymbol{P}$ の分解表現とユークリッド距離 d_{jk} の表現を得る．

$$\boldsymbol{P} = \boldsymbol{X}\boldsymbol{X}' \tag{2.111}$$

$$p_{jk} = \boldsymbol{x}'_{(j)}\boldsymbol{x}_{(k)} \tag{2.112}$$

$$d_{jk}^2 = p_{jj} + p_{kk} - 2p_{jk} \tag{2.113}$$

(2.44) の $\boldsymbol{H}$ を用いて，(2.111) の両辺を 2 重中心化し，

$$\boldsymbol{P}^* = (p_{jk}^*) = \boldsymbol{H}\boldsymbol{P}\boldsymbol{H}, \quad \boldsymbol{X}_* = \boldsymbol{H}\boldsymbol{X} \tag{2.114}$$

とおくと，

$$\boldsymbol{P}^* = \boldsymbol{X}_*\boldsymbol{X}'_* \tag{2.115}$$

となる．したがって次式が成り立つ．

$$d_{jk}^2 = (\boldsymbol{x}_{(j)}^* - \boldsymbol{x}_{(k)}^*)'(\boldsymbol{x}_{(j)}^* - \boldsymbol{x}_{(k)}^*) \tag{2.116}$$

$$= p_{jj}^* + p_{kk}^* - 2p_{jk}^* \tag{2.117}$$

すなわち，2重中心化したデータ行列 $\boldsymbol{P}^*$ の分解によって，重心を原点とした座標行列 $\boldsymbol{X}_*$ を導出し，ユークリッド距離 d_{jk} は $\boldsymbol{P}^*$ で表される．$\mathrm{rank}\boldsymbol{X} = r$ であるが，$\mathrm{rank}\boldsymbol{X}_* = r - 1$ であることに注意する．

ところで次のデータ変換を考えよう．

$$\tilde{p}_{jk} = p_{jk} + \alpha_i + \beta_j + \gamma \tag{2.118}$$

このとき，$\tilde{\boldsymbol{P}} = (\tilde{p}_{jk})$ について，次式が成り立つ．

$$\boldsymbol{H}\tilde{\boldsymbol{P}}\boldsymbol{H} = \boldsymbol{P}^* = \boldsymbol{X}_* \boldsymbol{X}_*' \tag{2.119}$$

したがって，$\boldsymbol{P}^*$ の非負定符号性は，原データ p_{jk} が (2.112) を満たすための十分条件ではない．

次に $\boldsymbol{P}$ が条件 (2.110) を満たさない場合を考える．$\boldsymbol{P}^* = \boldsymbol{H}\boldsymbol{P}\boldsymbol{H}$ が r 個の正の固有値をもつならば，上記と同じ手続きによって重心を原点とした $n \times r$ の座標行列 $\boldsymbol{X}_*$ を構成できる．このとき $\boldsymbol{P}^*$ のスペクトル分解に対する近似，

$$\boldsymbol{P}^* \approx \boldsymbol{X}_* \boldsymbol{X}_*' \tag{2.120}$$

を得る．

以上のいずれの場合も，$\boldsymbol{P}^*$ の固有値を，$\nu_1 \geq \nu_2 \geq \cdots \geq \nu_r > 0$ と記すと，座標行列 $\boldsymbol{X}_*$ について

$$\boldsymbol{X}_*'\boldsymbol{X}_* = \mathrm{diag}(\nu_1, \nu_2, \ldots, \nu_r) \tag{2.121}$$

である．$\boldsymbol{X}_*$ の各次元（列ベクトルに対応する）を，x_t^* と記すと，

$$\bar{x}_t^* = 0, \quad \mathrm{Var}\{x_t^*\} = \frac{\nu_t}{n-1} \tag{2.122}$$

したがって座標軸は主軸に対応する．この意味で，以上の方法は主座標分析 (principal coordinate analysis, PCO) とよばれる (Gower, 1966)．

主成分分析との関連

原データとして，n 個の対象を m 変量で観測したデータ行列 $\boldsymbol{X} = (x_{jp}) = (\boldsymbol{x}_{(1)}, \boldsymbol{x}_{(2)}, \ldots, \boldsymbol{x}_{(n)})'$ があるとする．この場合，ユークリッド距離の 2 乗 d_{jk}^2 を (2.51) によって計算し，類似性行列

$$\boldsymbol{\Pi} = (\pi_{jk}) \tag{2.123}$$

を与えたとする．ここで，

$$\pi_{jk} = -\frac{1}{2} d_{jk}^2 \tag{2.124}$$

である．$\boldsymbol{\Pi}$ の主座標分析は，$\boldsymbol{X}$ の主成分分析 (principal component analysis, PCA) に帰着することを以下に示す．

まず，行列 $\boldsymbol{\Pi}^* = \boldsymbol{H}\boldsymbol{\Pi}\boldsymbol{H}$ を定義する．(2.52) から (2.56) を参照し，次の恒等式を得る．

$$\boldsymbol{\Pi}^* = -\frac{1}{2} \boldsymbol{H}' \boldsymbol{D}^{(2)} \boldsymbol{H} = \boldsymbol{X}_* \boldsymbol{X}_*' \tag{2.125}$$

ここで $\boldsymbol{\Pi}^*$ の固有値問題に関して，次の諸量を定める．

$$\boldsymbol{\Pi}^* \boldsymbol{v}_t = \lambda_t \boldsymbol{v}_t \quad (t = 1, 2, \ldots, p) \tag{2.126}$$

$$\boldsymbol{V} = (\boldsymbol{v}_1, \boldsymbol{v}_2, \ldots, \boldsymbol{v}_p) \tag{2.127}$$

$$\boldsymbol{\Lambda} = \operatorname{diag}(\lambda_1, \lambda_2, \ldots, \lambda_p) \tag{2.128}$$

$$p = \operatorname{rank} \boldsymbol{X}_* = \operatorname{rank} \boldsymbol{X} - 1 \tag{2.129}$$

$\boldsymbol{\Lambda}^{\frac{1}{2}}$ は，$\lambda_t^{\frac{1}{2}}$ を要素とする対角行列とする．(2.125) の $\boldsymbol{X}_*$ は

$$\boldsymbol{X}_* = \boldsymbol{V} \boldsymbol{\Lambda}^{\frac{1}{2}} \tag{2.130}$$

と表される．(2.126) より

$$\boldsymbol{X}_*' \boldsymbol{X}_* \boldsymbol{X}_*' \boldsymbol{v}_t = \lambda_t \boldsymbol{X}_*' \boldsymbol{v}_t \tag{2.131}$$

を得る．$\boldsymbol{u}_t = \boldsymbol{X}_*' \boldsymbol{v}_t$ とおくと，上式は $\boldsymbol{X}_*$ の PCA の固有値問題

$$\boldsymbol{X}_*' \boldsymbol{X}_* \boldsymbol{u}_t = \lambda_t \boldsymbol{u}_t \tag{2.132}$$

になる．主成分行列を $U = (u_1, u_2, \ldots, u_p)$ とし，主成分スコア行列を Y とすると，

$$Y = X_* U \tag{2.133}$$

を得る．ここで $U = X_*' V$ の関係を上式に代入すると，

$$Y = X_* X_*' V = V\Lambda \tag{2.134}$$

となる．したがって

$$Y = X_* \Lambda^{\frac{1}{2}} \tag{2.135}$$

となる．それゆえに，所与の X から直接的に得られる X_* は，Π^* の PCO から与えられる空間配置に等しく，また X_* の PCA によって定まる空間配置を，次元ごとに単位変換したものに対応する．

2.4.3 2値変量データから生成した類似性データの解析

n 個の対象が，m 個の2値カテゴリカル変量について観測された多変量データを取り上げる．対象 i のデータベクトルを，$e_i = (e_{1i}, e_{2i}, \ldots, e_{mi})'$ と記すと，$m \times n$ 次のデータ行列は

$$E = (e_{ki}) = (e_1, e_2, \ldots, e_n) \tag{2.136}$$

と表される．n 次正方行列を次のように定義する．

$$A = (a_{ij}) \quad \text{ここで} \quad a_{ij} = e_i' e_j \tag{2.137}$$

$$B = (b_{ij}) \quad \text{ここで} \quad b_{ij} = e_i'(1 - e_j) \tag{2.138}$$

$$C = (c_{ij}) \quad \text{ここで} \quad c_{ij} = (1 - e_i)' e_j \tag{2.139}$$

$$D = (d_{ij}) \quad \text{ここで} \quad d_{ij} = (1 - e_i)'(1 - e_j) \tag{2.140}$$

$a_{ij}, b_{ij}, c_{ij}, d_{ij}$ は，対象 i と対象 j の 2×2 分割表の各要素に対応する．

$$a_{ij} + b_{ij} + c_{ij} + d_{ij} = m \tag{2.141}$$

$$a_{ii} + d_{ii} = m, \quad b_{ii} = c_{ii} = 0 \tag{2.142}$$

これらは表 1.10 の各要素に対応するが，その場合にはある変量の観測値が N 個存在する状況のクロス集計を扱った．なお，この節での d_{ij} は上式で定義したものであり，距離を意味しない．

類似性行列の定義

対象 j, k の類似性の指標を次のように定義する．

$$\text{ケース 1：} \quad p_{ij} = \frac{a_{ij}}{m} \quad (i \neq j), \quad p_{jj} = 1 \tag{2.143}$$

$$\text{ケース 2：} \quad p_{ij} = \frac{1}{m}(a_{ij} + d_{ij}) \tag{2.144}$$

$$\text{ケース 3：} \quad p_{ij} = \frac{1}{m}(a_{ij} + d_{ij} - (b_{ij} + c_{ij})) \tag{2.145}$$

$$\text{ケース 4：} \quad p_{ij} = \frac{a_{ij}}{a_{ij} + b_{ij} + c_{ij}} \tag{2.146}$$

$$\text{ケース 5：} \quad p_{ij} = \frac{a_{ij}}{a_{ij} + 2(b_{ij} + c_{ij})} \tag{2.147}$$

$$\text{ケース 6：} \quad p_{ij} = \frac{a_{ij} + d_{ij}}{a_{ij} + d_{ij} + 2(b_{ij} + c_{ij})} \tag{2.148}$$

p_{ij} の値域は，すべてのケースについて次の条件を満たす．

$$-1 \leq p_{ij} \leq 1 \quad (i \neq j), \quad p_{ii} = 1 \tag{2.149}$$

なお，ケース 3 以外は $0 \leq p_{ij} \leq 1$ である．

2 値カテゴリカル変量として，一方では属性（たとえば，羽がある）をもつ，もたないという状態を示す場合 (A) と，他方では属性（たとえば男性，女性）の 2 分類または 2 水準を示す場合 (B) がある．両者を区別する名称として，(A) を 2 値有無カテゴリカル変量，(B) を 2 値水準カテゴリカル変量とよぶ．対象間の一致性を比較するとき，(A) では属性の欠如を比較しない，すなわち無視することにすれば，類似性を測る要素としては (2.140) を除外する．したがって分子と分母に d_{ij} を含まない指標は，ケース 4 と 5 である．(B) では類似性を測るときに，d_{ij} を含むことは不自然でないであろう．したがって該当する指標はケース 4 と 5 以外である．

行列 P の非負定符号性

以下では，2.2.1項で述べた性質1および性質2を使う．また，次の展開式を利用する．

$|z| < 1$ ならば，

$$\frac{1}{1-z} = \sum_{k=0}^{\infty} z^k \tag{2.150}$$

が成り立つ．

最初に A, D は，定義により非負定符号であることに注意しよう．ケース1のとき，P は

$$P = \frac{1}{m}A + \mathrm{diag}(\alpha_1, \alpha_2, \ldots, \alpha_m) \tag{2.151}$$

$$\alpha_i = 1 - \frac{1}{m}a_{ii} \quad (i = 1, 2, \ldots, m) \tag{2.152}$$

と表される．右辺の2つの行列はともに非負定符号であるから，性質1により，P は非負定符号である．ケース2のとき，

$$P = \frac{1}{m}(A + D) \tag{2.153}$$

と書けるから，性質1により，P は非負定符号である．ケース3のとき，

$$P = \frac{1}{m}(A + D - (B + C)) \tag{2.154}$$

と表される．$g_j = e_j - (1 - e_j)$ とおくと，$p_{ij} = g'_i g_j / m$ と書けるから，P は非負定符号である．

ケース4のとき，展開式 (2.150) により

$$p_{ij} = \frac{a_{ij}}{m - d_{ij}} = \frac{a_{ij}}{m} \sum_{t=0}^{\infty} \left(\frac{d_{ij}}{m}\right)^t \tag{2.155}$$

を得るが，その行列表示は

$$P = \frac{1}{m}A * \left(I + \frac{1}{m}D + \frac{1}{m^2}D * D + \frac{1}{m^3}D * D * D + \cdots\right) \tag{2.156}$$

となる．性質 1, 2 により，P は非負定符号である．ケース 5 のとき，展開式 (2.150) により

$$p_{ij} = \frac{a_{ij}}{2(m - d_{ij}) - a_{ij}} = \sum_{t=1}^{\infty} \left(\frac{a_{ij}}{2(m - d_{ij})}\right)^t \tag{2.157}$$

を得るが，その行列表示は

$$\boldsymbol{P} = \frac{1}{2}\boldsymbol{P}_{(4)} + \frac{1}{2^2}\boldsymbol{P}_{(4)} * \boldsymbol{P}_{(4)} + \frac{1}{2^3}\boldsymbol{P}_{(4)} * \boldsymbol{P}_{(4)} * \boldsymbol{P}_{(4)} + \cdots \tag{2.158}$$

となる．ここで，$\boldsymbol{P}_{(4)}$ はケース 4 の $\boldsymbol{P}$ を示し，それは非負定符号である．したがって性質 1, 2 により，$\boldsymbol{P}$ は非負定符号である．

ケース 6 のとき，

$$p_{ij} = \frac{a_{ij} + d_{ij}}{2m - (a_{ij} + d_{ij})} = \frac{a_{ij} + d_{ij}}{2m} \sum_{t=0}^{\infty} \left(\frac{a_{ij} + d_{ij}}{2m}\right)^t \tag{2.159}$$

を得るが，その行列表示は

$$\boldsymbol{P} = \frac{1}{2}\boldsymbol{P}_{(2)} + \frac{1}{2^2}\boldsymbol{P}_{(2)} * \boldsymbol{P}_{(2)} + \frac{1}{2^3}\boldsymbol{P}_{(2)} * \boldsymbol{P}_{(2)} * \boldsymbol{P}_{(2)} + \cdots \tag{2.160}$$

となる．ここで $\boldsymbol{P}_{(2)}$ はケース 2 の $\boldsymbol{P}$ を示し，それは非負定符号である．したがって性質 1, 2 により，$\boldsymbol{P}$ は非負定符号である．

座標行列の導出

以上のように，すべてのケースについて，$\boldsymbol{P}$ が非負定符号であり，(2.149) により Gower-Legendre の定理の条件を満たす．したがって rank$\boldsymbol{A} = r$ ならば，n 個の対象を r 次元ユークリッド空間に配置できる．座標行列は分解定理により，$\boldsymbol{P}$ の固有値問題

$$\boldsymbol{P}\boldsymbol{z}_t = \lambda_t \boldsymbol{z}_t \quad (t = 1, 2, \ldots, r) \tag{2.161}$$

を解いて，

$$\boldsymbol{X} = \left(\sqrt{\lambda_1}\boldsymbol{z}_1, \ldots, \sqrt{\lambda}\boldsymbol{z}_r\right) = \left(\boldsymbol{x}_{(1)}, \ldots, \boldsymbol{x}_{(n)}\right)' \tag{2.162}$$

と表される．よって

$$\boldsymbol{P} = \boldsymbol{X}\boldsymbol{X}' \text{ すなわち } p_{jk} = \boldsymbol{x}'_{(j)}\boldsymbol{x}_{(k)} \tag{2.163}$$

となる．r 次元ユークリッド空間における距離を d_{jk} とすると

$$d_{jk}^2 = (\boldsymbol{x}_{(j)} - \boldsymbol{x}_{(k)})'(\boldsymbol{x}_{(j)} - \boldsymbol{x}_{(k)}) = 2(1 - p_{jk}) \tag{2.164}$$

と表される．したがって，$(1-p_{jk})^{\frac{1}{2}}$ はユークリッド距離である．(2.149) より，$0 \leq d_{jk} \leq 2$ である．さらに (2.163) より，以下が成り立つ．

$$\boldsymbol{x}'_{(j)}\boldsymbol{x}_{(j)} = 1 \quad (j = 1, 2, \ldots, n) \tag{2.165}$$

したがって n 個の対象は，r 次元ユークリッド空間において，半径 1 の超球上に配置される．直交行列 $\boldsymbol{T}$ を用いて $\tilde{\boldsymbol{X}} = \boldsymbol{X}\boldsymbol{T}$ とすると，$\tilde{\boldsymbol{X}}$ は (2.163) を満たすから，空間配置は回転の不定性をもつ．

2.4.4　尺度混在データから生成した類似性データの解析

2 値カテゴリカル変量

前記の考察によって，2 種類の 2 値カテゴリカル変量を考え，2 値有無カテゴリカル変量と 2 値水準カテゴリカル変量に分けて扱う．2 値有無カテゴリカル変量が m 個ある場合，(2.146) を再記して

$$p_{ij} = \frac{a_{ij}}{m - d_{ij}} \tag{2.166}$$

を使う．2 値水準カテゴリカル変量が m 個ある場合，いくつかの候補指標の中から，(2.166) に近い形態のものとして，

$$p_{ij} = \frac{a_{ij}}{m} \quad (i \neq j), \quad p_{ii} = 1 \tag{2.167}$$

を使うことにする．

多値カテゴリカル変量

あるカテゴリカル変量が L 個の排反的なカテゴリからなるとき，カテゴリを水準ともよぶことにする．$L=2$ の場合が 2 値水準カテゴリカル変量に該当する．m 個の多値カテゴリカル変量があるとし，その k 番目の変量を x_k と記し，x_k は L_k 個のカテゴリからなるとする．データの記法を次のように定める．

$$\delta_{ikh} = \begin{cases} 1 & (\text{対象 } i \text{ が } x_k \text{ の第 } h \text{ カテゴリに該当するとき}) \\ 0 & (\text{そうでないとき}) \end{cases} \tag{2.168}$$

$$\sum_{h=1}^{L_k} \delta_{ikh} = 1 \quad (k=1,2,\ldots,m) \tag{2.169}$$

$$\varepsilon_{ijk} = \sum_{h=1}^{L_k} \delta_{ikh}\delta_{jkh} \quad (k=1,2,\ldots,m) \tag{2.170}$$

$\varepsilon_{ijk}=1$ または 0 である．(2.167) を包含する指標として，

$$p_{ij} = \frac{1}{m}\sum_{k=1}^{m}\varepsilon_{ijk} \quad (i \neq j), \quad p_{ii}=1 \tag{2.171}$$

を定める．なお順序変量の場合，状態の記述を複数個の順序カテゴリによって表し，(2.171) を使うと，類似性の概念とは矛盾することが起きるので注意を要する．

量的変数

m 個の量的変数があるとする．第 k 番目の変数 x_k の測定値を x_{ik} $(i=1,2,\ldots,n)$ と記す．x_k に関する類似性行列 $\boldsymbol{P}^{(k)} = \left(p_{ij}^{(k)}\right)$ を次式によって定義する．

$$p_{ij}^{(k)} = 1 - \frac{|x_{ik}-x_{jk}|}{R_k} \tag{2.172}$$

$$R_k = \max_{i,j}|x_{ik}-x_{jk}| \tag{2.173}$$

すべての量的変数に関する類似性行列 P を次式で定義する.

$$P = \frac{1}{m}\left(P^{(1)} + P^{(2)} + \cdots + P^{(m)}\right)$$
$$= \frac{1}{m}\sum_{k=1}^{m}\left(1 - \frac{|x_{ik} - x_{jk}|}{R_k}\right) \quad (2.174)$$

$P^{(k)}$ $(k = 1, 2, \ldots, m)$ は非負定符号であるから,性質 1 によって,P は非負定符号である.

尺度混在データ

2 値有無カテゴリカル変量が m_1 個,多値カテゴリカル変量が m_2 個(2 値水準カテゴリカル変量を含む),量的変数が m_3 個ある場合を考える.2 値カテゴリカル変量に関して (2.166) の右辺の要素,多値カテゴリカル変量に関して (2.171) の右辺の要素,量的変数に関して (2.174) の右辺の要素を考慮し,それらを総合して類似性行列 $P = (p_{ij})$ を次のように構築する.

$$p_{ij} = \frac{1}{m_1 - d_{ij} + m_2 + m_3}$$
$$\cdot \left\{a_{ij} + \sum_{k=1}^{m_2}\varepsilon_{ijk} + \sum_{k=1}^{m_3}\left(1 - \frac{|x_{ik} - x_{jk}|}{R_k}\right)\right\} \quad (2.175)$$

前記の類似性行列のそれぞれにかかわる非負定符号性を考慮すると,性質 1 によって P は非負定符号である.$0 \leq p_{ij} \leq 1$, $p_{ii} = 1$ を満たすから,Gower-Legendre の定理が成り立つ.

2.5 数値例と設問

2.5.1 色の非類似性データの解析例

計量的 MDS の適用例を,色の非類似性に関するデータ (Torgerson, 1958) を用いて示す.元来このデータは,マンセル系の色空間に関して蓄積された研究に基づいて,MDS の有効性を示すために用いられた.したがって MDS の利用の立場としては,1.7.1 項で述べた (B) に相当する.実験では,色相

(H) を一定 (5R) として，明度 (V) と彩度 (C) を変数として組み合わせた9つのマンセル色票を刺激として用意した（表 2.1 参照）．刺激の指定を H/V/C という記号で示す．この 9 刺激を，V 軸と C 軸の目盛りを 1V=2C の縮尺として図 2.4 に示す．マンセル色に関する色差の研究によれば，このような色票の非類似性判断は，V と C をほぼ直交軸とする 2 次元ユークリッド空間において行われると予想される．

表 2.1 マンセル色

刺激番号	マンセル表示 H/V/C
1	5R/7/4
2	5R/6/6
3	5R/6/10
4	5R/5/4
5	5R/5/8
6	5R/5/12
7	5R/4/6
8	5R/4/10
9	5R/3/4

この実験で原データとして観測されたのは，非類似性 s_{jk} ではない．そこで原データから操作的に s_{jk} を作り出す．まず，刺激間の非類似性を測るために三つ組法が使われた．この方法では，刺激 j が k よりも l に似ていると判断される確率 $_jp_{kl}$ を観測データとして得る．1 つの三つ組 (j,k,l) ごとに $_jp_{kl}, {}_kp_{jl}, {}_lp_{jk}$ がデータとして存在する．次に Thurstone の 1 次元尺度構成法 (Torgerson, 1958) を用いて，データ $\{_jp_{kl}\}$ から間接的に非類似性データ $\{s'_{jk}\}$ が得られる．これを表 2.2 に示す．これは間隔尺度上の数値だから，加算定数 α を推定して比例尺度のデータに変換する必要がある．Saito (1978) の方法によって，$\alpha = 3.215$ と推定された．

$$s_{jk} = s'_{jk} + 3.215 \quad (j \neq k) \tag{2.176}$$

と変換した値 $\{s_{jk}\}$ について計算した B 行列を表 2.3 に示す．

B 行列の固有値を求めると次のようになった．

2.5 数値例と設問

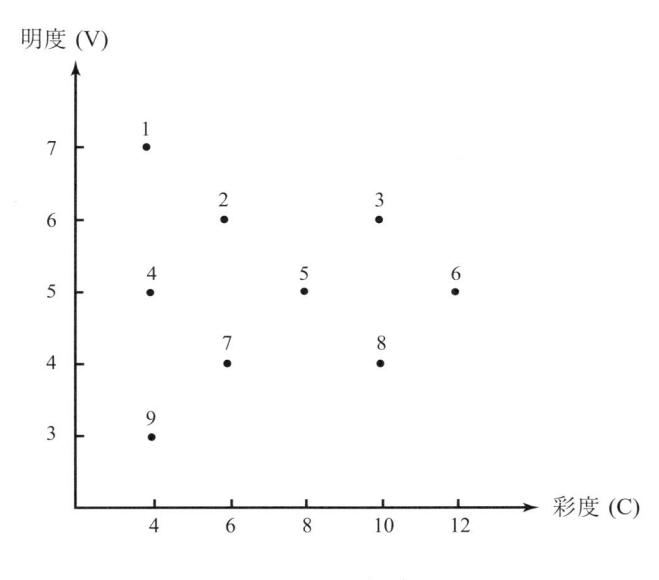

図 2.4 マンセル系の色空間

表 2.2 色の非類似性

刺激	1	2	3	4	5	6	7	8	9
1		−2.37	−0.12	−0.62	0.23	1.56	1.09	2.02	2.23
2	−2.37		−1.01	−1.93	−0.90	0.80	-0.47	1.05	0.78
3	−0.12	−1.01		0.70	−1.32	−0.67	1.07	0.70	2.62
4	−0.62	−1.93	0.70		−0.78	1.25	−1.75	0.28	−0.72
5	0.23	−0.90	−1.32	−0.78		−1.02	−1.23	−1.65	0.49
6	1.56	0.80	−0.67	1.25	−1.02		0.57	−0.67	1.88
7	1.09	−0.47	1.07	−1.75	−1.23	0.57		−1.18	−1.30
8	2.02	1.05	0.70	0.28	−1.65	−0.67	−1.18		0.42
9	2.23	0.78	2.62	-0.72	0.49	1.88	−1.30	0.42	

表 2.3 内積行列 B

刺激	1	2	3	4	5	6	7	8	9
1	8.84	5.33	2.96	2.30	-1.29	-3.13	-3.46	-6.41	-5.14
2	5.33	2.52	2.16	1.68	-1.20	-2.95	-1.12	-4.96	-1.46
3	2.96	2.16	6.65	-3.09	1.75	3.93	-4.47	-1.46	-8.43
4	2.30	1.68	-3.09	2.50	-1.50	-4.87	1.56	-1.99	3.40
5	-1.29	-1.20	1.75	-1.50	4.43	1.66	-3.62	1.87	-1.38
6	-3.13	-2.95	3.93	-4.87	1.66	7.69	-1.93	3.48	-3.87
7	-3.46	-1.12	-4.47	1.56	-3.62	-1.93	2.77	2.19	4.82
8	-6.41	-4.96	-1.46	-1.99	1.87	3.48	2.19	5.75	1.53
9	-5.14	-1.46	-8.43	3.40	-1.38	-3.87	4.82	1.53	10.53

$$(\lambda_1, \lambda_2, \lambda_3, \lambda_4, \lambda_5, \lambda_6, \lambda_7, \lambda_8, \lambda_9)$$
$$= (26.571, 21.327, 2.248, 1.232, 0.138, 0.000, -0.709, -1.070, -2.034) \tag{2.177}$$

固有値は正負混合しているから，(2.91) によって次元縮約の適合度 $\phi(r)$ を計算し図 2.5 に示す．$r = 1$，2，3 次元の空間配置の適合度は，$\phi(1) = 0.602$，$\phi(2) = 0.989$，$\phi(3) = 0.994$ である．これより B をほぼ非負定符号とみなし，rank$B = 2$ とする．(2.75) によって計算された 2 次元座標行列 A を表 2.4 に示し，その空間配置を図 2.6 に示す．

表 2.4 座標行列 A

刺激	1 次元	2 次元
1	2.209	1.949
2	1.107	1.460
3	2.441	-0.950
4	-0.599	1.642
5	0.169	-0.843
6	0.683	-2.526
7	-1.662	0.220
8	-1.325	-1.926
9	-3.023	0.972

2.5 数値例と設問

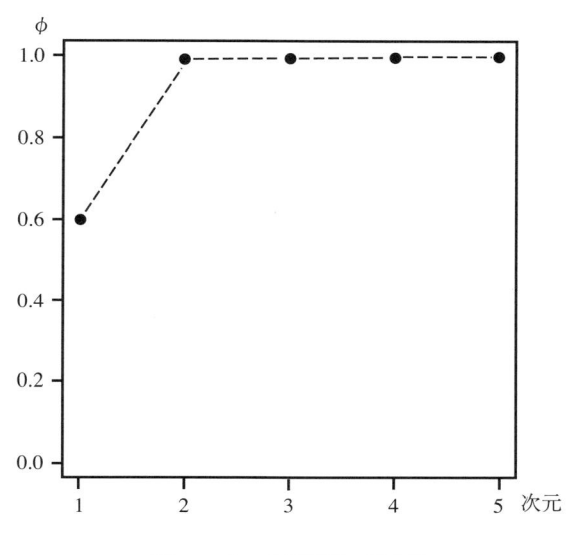

図 2.5 色の空間配置の適合度

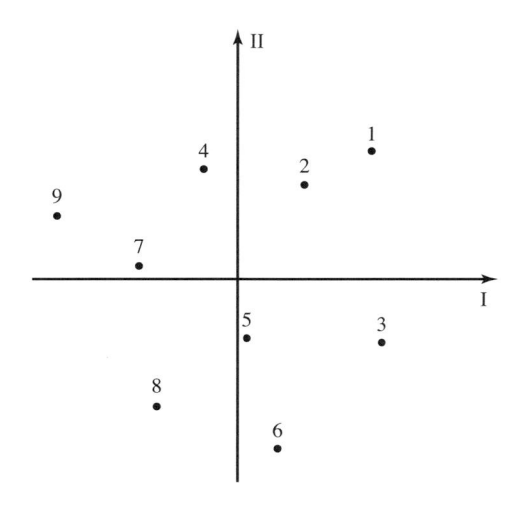

図 2.6 色の空間配置（Torgerson の方法）

点間距離 $\{d_{jk}\}$ を計算し，(2.82) により適合度 θ を求めると $\theta = 0.860$ である．ちなみに，$\{s_{jk}\}$ と $\{d_{jk}\}$ の相関係数は 0.960 である．これより非類似性 s_{jk} はユークリッド距離 d_{jk} に直線的によく対応するとみなせる．その対応関係を吟味するために，$\{s_{jk}\}$ 対 $\{d_{jk}\}$ のプロットを図 2.7 に示す．同図を眺めると，確かに両者は直線的によく対応するが，直線関係からのズレは値の小さいほうにやや目立つ．以上をまとめると，数値計算上，あるいは統計的にみれば，データ $\{s_{jk}\}$ に 2 次元ユークリッド空間の表現が十分によく適合する．

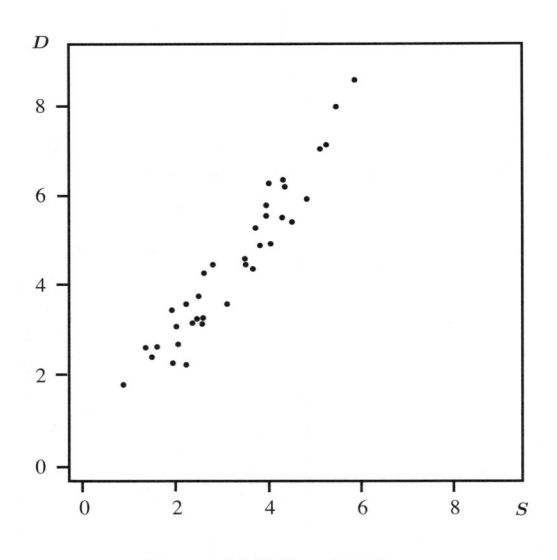

図 2.7 非類似性 S と距離 D

このように導出された空間配置は，果たしてマンセル系に関する従来の研究を参照して無理なく解釈されるだろうか．空間配置は 2 次元だから，導出された A そのものを（回転せずに）図 2.6 に示してある．原点の不定性，直交回転に対する不変性を考慮しながら同図を解釈しよう．同図を約 $45°$ 回転した I 軸を I′ 軸，II 軸を II′ 軸とすれば，I′ 軸は明度，II′ 軸は彩度にほぼ対応する．こうしてマンセル色票に関する非類似性データは，2 次元ユークリッド空間の MDS モデルによく適合し，導出された空間配置はマンセル系によ

2.5.2 果物の非類似性データの解析例

6種類の果物について，一群の被験者が非類似性判断を行ったデータを調整し，その平均値を表 2.5 に示す．このデータは比例尺度で測定されたとみなせるので，そのまま Torgerson の方法を適用した．固有値は

$$(\lambda_1, \lambda_2, \lambda_3, \lambda_4, \lambda_5, \lambda_6) = (6.892, 6.467, 3.811, 2.710, 2.047, 0.000) \quad (2.178)$$

である．まず，MDS による次元縮約の適合度 $\phi(r)$ を，(2.90) によって計算した．次に，固有値はすべて正であるから，(2.97) による適合度 $\psi(r)$ を計算した．$\phi(r)$ と $\psi(r)$ ($r = 1, 2, \ldots, 5$) を図 2.8 に示す．$\phi(1) = 0.412$，$\phi(2) = 0.774$ であり，また $\psi(1) = 0.314$，$\psi(2) = 0.609$ である．さらに $\{s_{jk}\}$ と $\{d_{jk}\}$ に関して，適合度 (2.82) は $\theta = 0.900$ であり，また両者の相関係数は 0.965 である．

表 2.5 果物の非類似性

対象	みかん	りんご	いちご	ぶどう	なし	メロン
みかん	0.00	2.7	3.00	2.65	2.60	3.10
りんご	2.30	0.0	2.80	2.90	2.40	3.50
いちご	3.00	2.8	0.00	2.25	3.05	3.40
ぶどう	2.65	2.9	2.25	0.00	3.20	3.25
なし	2.60	2.4	3.05	3.20	0.00	3.30
メロン	3.10	3.5	3.40	3.25	3.30	0.00

導出した2次元の空間配置に，クラスター分析の結果を重ね合わせて，図 2.9 に示す．おおまかに3つのクラスター，すなわち {メロン}，{ぶどう，いちご}，{なし，りんご，みかん} が認められる．この配置の解釈を試みると，次のようにいえる．横軸の正方向はてごろな価格（メロン以外）に対応し，負方向は高い価格（メロン）に対応する．縦軸の負方向は漿果(しょうか)（ぶどう，いちご）を表し，正方向はそれ以外の果物に対応する．このデータに基づく限り，6種の果物に関する非類似性判断は，価格と漿果性を潜在次元として行われ

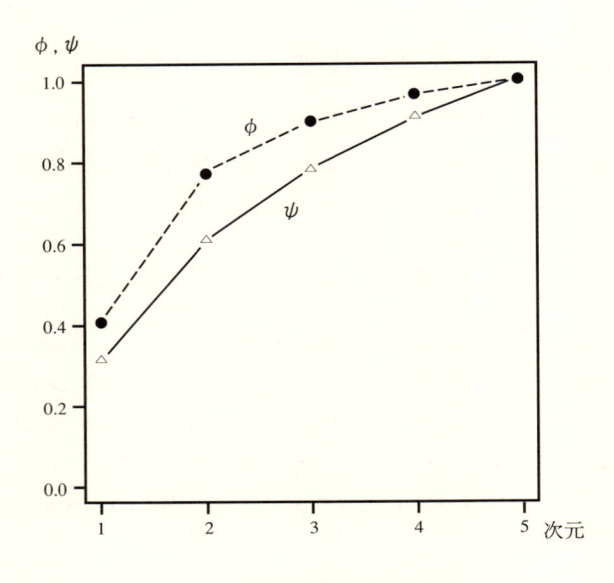

図 2.8　果物の空間配置の適合度

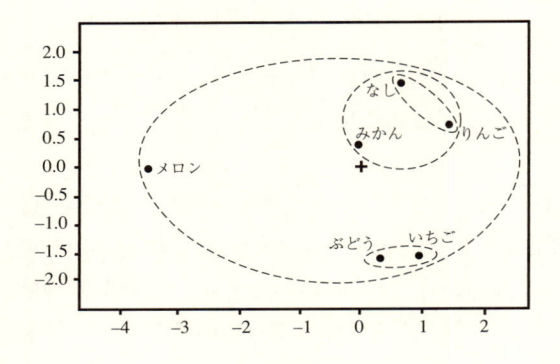

図 2.9　果物の空間配置 (Torgerson の方法)

ていると解釈される．もちろんこれ以外の解釈も可能であろう．

2.5.3 多変量データから生成した類似性データの解析例

表 2.6 は人工データであるが，6 個の対象を 8 つの 2 値カテゴリカル変量によって記述したものである．もしこれが現象を観測した現実データならば，何を比較して対象間の類似性を定義すべきかについては，属性の意味を考慮して，(2.143)〜(2.148) のいずれかを採用する．ここでは，利用する指標に依存して MDS の結果が異なることを数値例によって示す．

表 2.6　2 値カテゴリカルデータ

属性	対象					
	1	2	3	4	5	6
v1	0	1	1	1	0	1
v2	1	0	1	1	1	0
v3	1	0	0	1	0	1
v4	0	1	1	0	1	1
v5	0	1	1	1	0	1
v6	1	0	0	0	1	0
v7	1	0	1	1	0	1
v8	0	1	1	1	0	1

まず，8 変数をすべて 2 値有無カテゴリカル変量とみなし，(2.143) によって生成した類似性行列 $\boldsymbol{P}_a$ を表 2.7 に，それから導出した 2 次元空間配置を図 2.10 に示す．次に 8 変数をすべて 2 水準カテゴリカル変量とみなした場合，(2.145) による類似性行列 $\boldsymbol{P}_b$ を表 2.8 に，導出した 2 次元空間配置を図 2.11 に示す．(2.146) による類似性行列 $\boldsymbol{P}_c$ を表 2.9 に示し，導出した 2 次元空間配置を図 2.12 に示す．表 2.10 は，それぞれの類似性行列に関して，固有値 λ_t $(t=1,2,\ldots,6)$ と累積比率 ν_t

$$\nu_t = \sum_{k=1}^{t} \lambda_k \bigg/ \sum_{k=1}^{6} \lambda_k \quad (t=1,2,\ldots,6) \tag{2.179}$$

を示す．たとえば，$\boldsymbol{P}_b$ のランクは 4 であるから，表 2.8 の原データを 2 次元空間に縮約表現する効率は，$\nu_2 = 0.852$ である．

表 2.7 類似性行列 P_a

対象	1	2	3	4	5	6
1	1.000	0.000	0.125	0.375	0.250	0.250
2	0.000	1.000	0.500	0.375	0.125	0.500
3	0.125	0.500	1.000	0.500	0.250	0.500
4	0.375	0.375	0.500	1.000	0.125	0.625
5	0.250	0.125	0.250	0.125	1.000	0.125
6	0.250	0.500	0.500	0.625	0.125	1.000

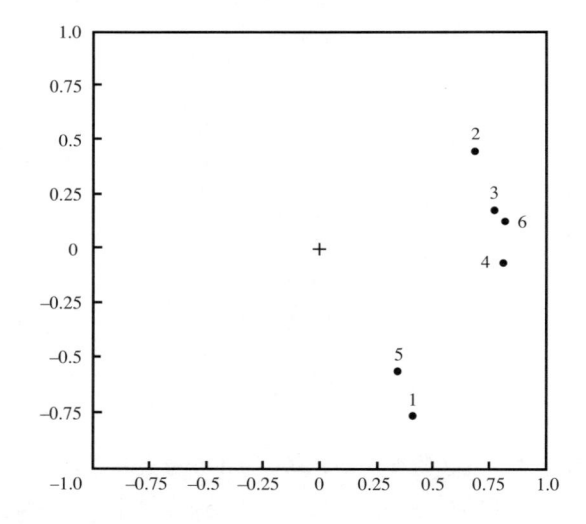

図 2.10 行列 P_a から導出した空間配置

表 2.8 類似性行列 P_b

対象	1	2	3	4	5	6
1	1.000	−1.000	−0.750	0.000	0.250	−0.500
2	−1.000	1.000	0.750	0.000	−0.250	0.500
3	−0.750	0.750	1.000	0.250	0.000	0.250
4	0.000	0.000	0.250	1.000	−0.750	0.500
5	0.250	−0.250	0.000	−0.750	1.000	−0.750
6	−0.500	0.500	0.250	0.500	−0.750	1.000

2.5 数値例と設問

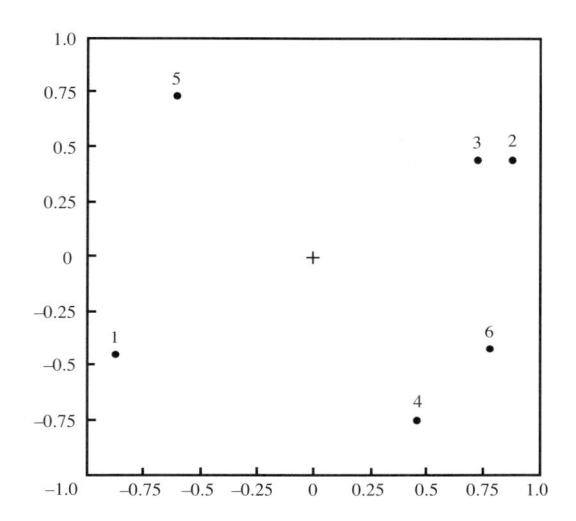

図 2.11 行列 $\boldsymbol{P}_b$ から導出した空間配置

表 2.9 類似性行列 $\boldsymbol{P}_c$

対象	1	2	3	4	5	6
1	1.000	0.000	0.125	0.429	0.400	0.250
2	0.000	1.000	0.800	0.429	0.167	0.667
3	0.125	0.800	1.000	0.571	0.333	0.571
4	0.429	0.429	0.571	1.000	0.125	0.714
5	0.400	0.167	0.333	0.125	1.000	0.125
6	0.250	0.667	0.571	0.714	0.125	1.000

表 2.10 固有値 (λ) と累積比率 (ν)

		次元					
		1	2	3	4	5	6
$\boldsymbol{P}_a$	λ	2.6768	1.1416	0.9049	0.4971	0.4420	0.3376
	ν	0.4461	0.6364	0.7872	0.8701	0.9437	1.0000
$\boldsymbol{P}_b$	λ	3.2395	1.8722	0.6744	0.2139	0.0000	0.0000
	ν	0.5399	0.8520	0.9644	1.0000	1.0000	1.0000
$\boldsymbol{P}_c$	λ	3.0605	1.2833	0.8993	0.3323	0.3218	0.1028
	ν	0.5101	0.7240	0.8738	0.9292	0.9829	1.0000

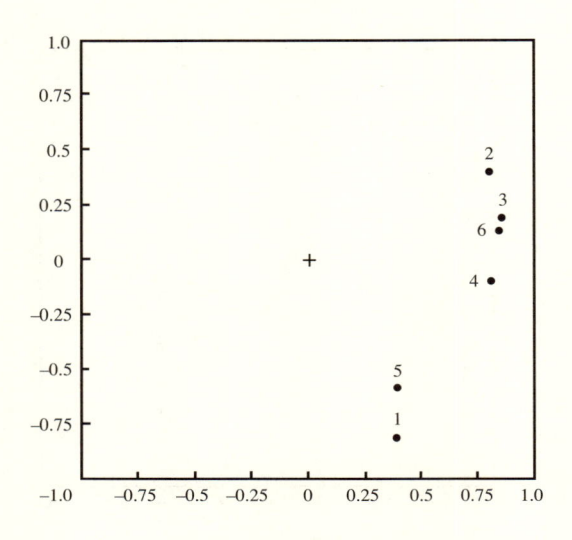

図 2.12 行列 $\boldsymbol{P}_c$ から導出した空間配置

2.5.4 設 問

1) $\boldsymbol{B}$ が対称行列であることを考慮して, (2.89) を導出せよ.
2) 順序変量の場合, 状態の記述を複数個の順序カテゴリによって表し, (2.171) を使うと, 類似性の概念とは矛盾することが生ずる場合を検討せよ.
3) (2.117) が成り立つことを確かめよ.

第3章

準計量的多次元尺度構成法

3.1 はじめに

　林のさまざまな数量化法の中で，数量化4類 (Hayashi, 1952) は関連性データの分析を目的とし，その点で他の手法とは大きな相違がある．原論文では，対象 i と j の親近性を e_{ij} と記し，その記法に由来して e_{ij} 型数量化法 (e_{ij}-type quantification method) とよんでいるが，本書では，略称として EQ 法とよぶことにする．

　本書で取り上げることから明らかなように，EQ 法は実際には MDS の手法の1つである．入力データ $\{e_{ij}\}$ は数値であるが，$e_{ii} = 0$ であり，ただし対称性 $e_{ij} = e_{ji}$ を仮定しない．$s_{ij} = -e_{ij}$ とおくと，s_{ij} は対象間の遠さ（非親近性）を表す量であるが，メトリック（距離）の概念に該当しないので，セミメトリック（準計量）とよばれる．この理由により，本書では EQ 法を準計量的多次元尺度構成法として位置づける．

　EQ 法は，Torgerson の方法（2.3節参照）と同じ頃提案された歴史的にも古い MDS 手法として，独創性と応用性は高く評価することができる．しかし従来から，EQ 法の目的と性質に関しては誤解や議論があり，それが応用面に及ぶこともある．EQ 法の特徴をあげると次のようになる．

1) EQ 法は，間隔尺度のデータに内在するパターン（空間配置）を抽出する．

2) EQ 法は，$\{s_{ij}\}$ をユークリッド距離で近似することを目的としない．

3) EQ 法の目的関数は，2) に基づいて定式化される．

これらの点が議論の生ずる主要因と考えられる．本章では，以上の点に関して明確な記述を試みる．

3.2　1 次元尺度の構成

m 個の対象があり，対象 j と k の間の親近性（あるいは類似性）e_{jk} が与えられたとする $(j \neq k)$．ただし e_{jj} は存在しないが，行列を定義するために，$e_{jj} = 0$ とおく．e_{jk} の値が大きくなるほど j と k の親近性が強く，小さくなるほど親近性が弱い．ここで e_{jk} は正，負，0 すべての実数値をとりうる．すると符号を逆転した $(-e_{jk})$ は非親近性を表す．データをまとめて，$m \times m$ の行列 $\boldsymbol{E} = (e_{jk})$ と記す．

さて親近性データ行列 $\boldsymbol{E}$ が与えられたとき，1 次元軸上に，m 個の対象の座標 $\{x_j\}$ を定めることを考えよう．親近性 e_{jk} が大きい対象どうしに関しては，そのユークリッド距離 d_{jk}

$$d_{jk} = |x_j - x_k| \tag{3.1}$$

が小さく，e_{jk} が小さい対象どうしは距離 d_{jk} が大きくなるようにしたい．この目的を達成するための大まかな基準として，非親近性 $(-e_{jk})$ と距離 d_{jk} の積和を最大にすることも考えられる（3.5 節参照）．ここでは数学的な取扱いの便宜上，$(-e_{jk})$ と d_{jk}^2 の積和

$$Q = -\sum_{j=1}^{m}\sum_{k=1}^{m} e_{jk} d_{jk}^2 = -\sum_{j=1}^{m}\sum_{k=1}^{m} e_{jk}(x_j - x_k)^2 \tag{3.2}$$

を最大にする基準を設定し，それを最大にする $\{x_j\}$ を定めることを目的にする．対称行列 $\boldsymbol{G} = (g_{jk})$ を

$$h_{jk} = e_{jk} + e_{kj} \tag{3.3}$$

$$g_{jk} = h_{jk} - \delta_{jk} \sum_{l=1}^{m} h_{jl} \tag{3.4}$$

と定義すると，(3.2) は次の 2 次形式として表される．

$$Q(\boldsymbol{x}) = \boldsymbol{x}'\boldsymbol{G}\boldsymbol{x} \tag{3.5}$$

なお e_{jk} には必ずしも対称性を仮定しないが，h_{jk} は定式化の結果 (3.3) において対称化されていることに注意しよう．

x_j に 1 次変換

$$x_j^* = a + bx_j \quad (j = 1, 2, \ldots, m) \tag{3.6}$$

を行うと，Q は b^2 倍される．したがって Q の最大化を考えるとき，$\{x_j\}$ に制約を課す必要がある．一般性を失うことなく，$\{x_j\}$ の重心を原点に定め，制約条件

$$\sum_{j=1}^m x_j = 0 \tag{3.7}$$

をおく．また単位を定めるために，分散を一定値 σ^2 にとる．

$$\frac{1}{m-1}\sum_{j=1}^m (x_j - \bar{x})^2 = \sigma^2 \tag{3.8}$$

さらに $(m-1)\sigma^2$ を 1 に定め，(3.7) を使えば次式を得る．

$$\boldsymbol{x}'\boldsymbol{x} = \sum_{j=1}^m x_j^2 = 1 \tag{3.9}$$

条件 (3.7)，(3.9) の下で，目的関数 (3.5) を最大化する $\boldsymbol{x}$ の必要条件を求める．この場合，条件 (3.9) だけを制約として課す．条件 (3.7) は，解を求めてから，それが満たされることを確かめる．さて条件 (3.9) の下で Q を最大化する $\boldsymbol{x}$ の必要条件を，Lagrange の未定乗数法によって求めよう．

$$L(\boldsymbol{x}) = \boldsymbol{x}'\boldsymbol{G}\boldsymbol{x} - \lambda(\boldsymbol{x}'\boldsymbol{x} - 1) \tag{3.10}$$

ここで λ は Lagrange 乗数である．$L(\boldsymbol{x})$ を $\boldsymbol{x}$ で微分して 0 とおき，次の固有値問題を得る．

$$\boldsymbol{G}\boldsymbol{x} = \lambda \boldsymbol{x} \tag{3.11}$$

要素ごとに書くと,

$$-\left(\sum_{k=1}^{m} h_{jk}\right) x_j + \sum_{k=1}^{m} h_{jk} x_k = \lambda x_j \quad (j=1,2,\ldots,m) \tag{3.12}$$

となる．固有ベクトルを $x'x = 1$ と正規化すれば，(3.9) は満たされる．すると

$$Q(x) = x'Gx = \lambda x'x = \lambda \tag{3.13}$$

となる．それゆえに，Q を最大にする x は，G の最大固有値 λ に対応する固有ベクトルとして与えられる．ところで (3.4) より

$$\sum_{k=1}^{m} g_{jk} = 0 \quad (j=1,2,\ldots,m) \tag{3.14}$$

となる．したがって，(3.11) は $\lambda = 0$ に対応する固有ベクトル **1** をもつ．この固有値を λ_0 と記す．$\lambda \neq \lambda_0$ に対応する固有ベクトルは (3.7) を満たす．

3.3 多次元尺度の構成

データ行列 E が与えられたとき，$m \times r$ の座標行列

$$X = (x_{jt}) = (x_1, x_2, \ldots, x_t, \ldots, x_r) \tag{3.15}$$

を多次元ユークリッド空間に定めることを考える．ここで

$$x_{(j)} = (x_{j1} \cdots x_{jt} \cdots x_{jr})' \tag{3.16}$$

$$x_t = (x_{1t} \cdots x_{jt} \cdots x_{mt})' \tag{3.17}$$

と記す．距離を d_{jk} として

$$d_{jk}^2 = \sum_{t=1}^{r} (x_{jt} - x_{kt})^2 = (x_{(j)} - x_{(k)})'(x_{(j)} - x_{(k)}) \tag{3.18}$$

とする．(3.2) にならい，目的関数

$$Q = Q(X) = -\sum_{j=1}^{m}\sum_{k=1}^{m} e_{jk} d_{jk}^2 = -\sum_{t=1}^{r}\sum_{j=1}^{m}\sum_{k=1}^{m} e_{jk}(x_{jt} - x_{kt})^2 \tag{3.19}$$

を最大化する基準で X を定める．(3.5) を用いて

$$Q = \sum_{t=1}^{r} x'_t G x_t \qquad (3.20)$$

と書き直す．

ところで直交行列 P，定数ベクトル c を用いて，

$$x^*_{(j)} = P x_{(j)} + c \quad (j = 1, 2, \ldots, m) \qquad (3.21)$$

とおけば，

$$d^2_{jk} = (x_{(j)} - x_{(k)})'(x_{(j)} - x_{(k)}) = (x^*_{(j)} - x^*_{(k)})'(x^*_{(j)} - x^*_{(k)}) \qquad (3.22)$$

を得る．すなわち Q を最大化する X に関しては，直交回転と平行移動の不定性がある．そこで (3.7)，(3.9) にならい，次の制約条件

$$\sum_{j=1}^{m} x_{jt} = 0 \qquad (3.23)$$

$$x'_t x_t = 1 \quad (t = 1, 2, \ldots, r) \qquad (3.24)$$

と，直交性の条件

$$x'_p x_q = 0 \quad (p \neq q) \qquad (3.25)$$

を課す．ここで I を単位行列とし，(3.24)，(3.25) を次式にまとめる．

$$X'X = I \qquad (3.26)$$

条件 (3.24) の下で $Q(X)$ を最大化する X の必要条件を求めるために，次の Lagrange 関数 $L(X)$ を設定し，微分して $\mathbf{0}$ とおく．その解が条件 (3.23)，(3.25) を満たすことは，後で確認する．

$$L = L(X) = \sum_{t=1}^{r} x'_t G x_t - \sum_{t=1}^{r} \lambda_t (x'_t x_t - 1) \qquad (3.27)$$

$\partial L / \partial x_t = \mathbf{0}$ より

$$\boldsymbol{G}\boldsymbol{x}_t = \lambda_t \boldsymbol{x}_t \quad (t=1,2,\ldots,r) \tag{3.28}$$

$$\lambda_1 \geq \lambda_2 \geq \cdots \geq \lambda_r \tag{3.29}$$

これは固有値問題 (3.11) と同じである．したがって前述したように，$\boldsymbol{x}_t' \boldsymbol{x}_t = 1$ と正規化すれば (3.24) は満たされる．また λ_t ($\neq \lambda_0$) に対応する固有ベクトル $\boldsymbol{x}_t$ は (3.23) を満たす．このように $\{\boldsymbol{x}_t\}$ を定めるとき，

$$Q(\boldsymbol{X}) = \sum_{t=1}^{r} \boldsymbol{x}_t' \boldsymbol{G} \boldsymbol{x}_t = \sum_{t=1}^{r} \lambda_t \tag{3.30}$$

となる．ゆえに $Q(\boldsymbol{X})$ を最大化するためには，λ_0 を除いて，値の大きい順に，r 個の固有値に対応する固有ベクトルを解として採用すればよい．

主座標分析との関連

2.4.2 項で述べた主座標分析 (PCO) でも，親近性（類似性）データを分析できる．ここで EQ 法と PCO の比較をまとめる．本章の記法により，親近性（類似性）データ行列を $\boldsymbol{E} = (e_{jk})$ とする．

1) どちらも類似性のモデルに基づく手法ではない．
2) EQ 法において，対角要素 e_{jj} の存在は無関係であり，仮に存在するとしても，定式化 (3.2) あるいは (3.18) に組み込まれない．また対称性を仮定しない．他方 PCO においては，対角要素は必要であり ($e_{jj} \neq 0$)，正確には $\boldsymbol{E}$ は非負定符号であることが必要である．また対称性を仮定する．
3) 原データとして与えられるのは，多変量データでなくユークリッド距離 $\{d_{jk}\}$ のみとする（このような場合は，現実的には少ないであろう）．この場合，定式化を考慮すると，$\{d_{jk}\}$ に EQ 法を適用する意義はなく，Torgerson の計量的 MDS を適用すべきである．形式的に類似性 $e_{jk} = -d_{jk}^2$ を作るとする．この $\{e_{jk}\}$ に対する PCO は，Torgerson の計量的 MDS に帰着する ((2.125) 参照)．
4) 原データとして多変量データ $\boldsymbol{O}$ が所与であるとする．$\boldsymbol{O}$ から操作的に類似性データを生成し，それに EQ 法を適用することは，あながち無

意味ではない．他方，O からユークリッド距離 d_{jk} を計算して，それに PCO を適用することは，O の PCA に帰着する（(2.135) 参照）．

3.4 基本方程式の性質

r 次元の尺度構成を行う場合，固有値問題 (3.11) は，基本方程式としての役割をもつ．この性質を説明しよう．まず G の固有値を，

$$\lambda_1 \geq \lambda_2 \geq \cdots \geq \lambda_m \tag{3.31}$$

とする．すべての $e_{jk} > 0$ $(j \neq k)$ のときには，$\lambda \leq 0$ である．$\lambda_1 = \lambda_0 = 0$ であるから，$\lambda_2, \ldots, \lambda_{r+1}$ に対応する固有ベクトルを採用する．すべての $e_{jk} < 0$ のとき $\lambda \geq 0$ である．$\lambda_m = \lambda_0 = 0$ であるから，$\lambda_1, \ldots, \lambda_r$ に対応する固有ベクトルを採用する．ちなみに，E が交代行列（歪対称行列），すなわち $e_{jk} = -e_{kj}$ でない限り，$\lambda_1 = \lambda_2 = \cdots = \lambda_m = 0$ となることはない．

3.4.1 データの1次変換に対する固有値の変化

e_{jk} に1次変換

$$e_{jk}^* = \alpha + \beta e_{jk} \quad (j \neq k), \quad e_{jj}^* = 0 \tag{3.32}$$

を考える．$\{e_{jk}^*\}$ に対して，

$$Q^* = Q(\boldsymbol{y}) = -\sum_{j=1}^m \sum_{k=1}^m e_{jk}^*(y_j - y_k)^2 \tag{3.33}$$

を最大にする $\boldsymbol{y}$ を求めることを考える．定義 (3.4) に従って $\{e_{jk}^*\}$ から作られた G 行列を，$G^* = (g_{jk}^*)$ とする．上記の議論により，条件

$$\sum_{j=1}^m y_j = 0, \quad \sum_{j=1}^m y_j^2 = 1 \tag{3.34}$$

の下で Q^* を最大にする $\boldsymbol{y}$ は固有値問題

$$G^* \boldsymbol{y} = \mu \boldsymbol{y} \tag{3.35}$$

の解として与えられる．ところで G と G^* の間には，(3.4) により次の関係がある．

$$g_{jj}^* = \beta g_{jj} - 2(m-1)\alpha \tag{3.36}$$

$$g_{jk}^* = \beta g_{jk} + 2\alpha \tag{3.37}$$

$$\boldsymbol{G}^* = \beta \boldsymbol{G} - 2m\alpha \boldsymbol{I} + 2\alpha \boldsymbol{U} \tag{3.38}$$

ここで n 次の行列 U の全要素は 1 である．(3.11) の解 x について，$Ux = 0$ に注意すると $(\lambda \neq 0)$,

$$\boldsymbol{G}^*\boldsymbol{x} = (\beta\boldsymbol{G} - 2m\alpha\boldsymbol{I} + 2\alpha\boldsymbol{U})\boldsymbol{x} = (\beta\lambda - 2m\alpha)\boldsymbol{x} \tag{3.39}$$

となる．この式は

$$\mu = \beta\lambda - 2m\alpha, \quad \boldsymbol{y} = \boldsymbol{x} \tag{3.40}$$

とおくと，μ と y が (3.35) の固有値，固有ベクトルとなることを示す．すなわち G^* の固有値を

$$\mu_1 \geq \mu_2 \geq \cdots \geq \mu_m \tag{3.41}$$

とする．値 0 の固有値 λ_0, μ_0 を除いて，$\{\mu_t\}$ の順番と $\{\lambda_t\}$ の順番は完全に一致し，

$$\mu_t = \beta\lambda_t - 2m\alpha \quad (t = 1, 2, \ldots, m) \tag{3.42}$$

なる関係がある．換言すれば，$\{\lambda_t\}$ の値自体の比較は意味がなく，その差の比較に意味がある．ところで，(3.11) が無意味な解 $\lambda = \lambda_0$, $x = 1$ をもつことに対して，(3.38) は無意味な解 $\mu = \mu_0$, $y = 1$ をもつことに注意する．$y = x$ であることは，EQ 法は間隔尺度で測定されたデータの MDS に有用であることを意味している．

前述したように，e_{jk} $(j \neq k)$ がすべて正のとき，G の最大固有値 λ_1 は 0 となる．固有値問題の計算において，すべての固有値が非負であれば，λ_1 (> 0) に対応する x を，有意味な解として最初に求めることができて便利である．そこで e_{jk} の値が正負混合している場合，変換 (3.32) において，$\lambda_1 > 0$ とする α を求めたい．性質 (3.42) を利用して，G^* のすべての固有値を非負にするには，$e_{jk}^* \leq 0$ とする．すなわち

$$\alpha = -\max_{j,k}|e_{jk}| \tag{3.43}$$

と選べばよい．実際，(3.11) の固有値 λ に対応する固有ベクトル $\boldsymbol{x}$ を定めたとすれば，(3.43) により

$$\begin{aligned}
\lambda &= -\sum_{j=1}^{m}\sum_{k=1}^{m} e_{jk}(x_j - x_k)^2 \\
&\geq \alpha \sum_{j=1}^{m}\sum_{k=1}^{m}(x_j - x_k)^2 \\
&= 2\alpha\left(\sum_{j=1}^{m}\sum_{k=1}^{m} x_j^2 - \sum_{j=1}^{m} x_j \sum_{k=1}^{m} x_k\right) = 2m\alpha
\end{aligned} \tag{3.44}$$

となる．すなわち

$$\mu = \lambda - 2m\alpha \geq 0 \tag{3.45}$$

となる．こうして定数 α を (3.43) によって選べば，$\boldsymbol{G}^*$ の固有値はすべて非負になることがわかる．

性質 (3.42) は，固有値が間隔尺度の値として与えられることを示す．このことから，固有値のレンジに対する固有値の間隔の比は，データの1次変換に対して不変である．この点を考慮し，λ_0 と μ_0 を除いて，指標 γ

$$\gamma(t) = \frac{\lambda_t - \lambda_{\min}}{\lambda_{\max} - \lambda_{\min}} = \frac{\mu_t - \mu_{\min}}{\mu_{\max} - \mu_{\min}} \tag{3.46}$$

を定義する．$\{\gamma_1, \gamma_2, \ldots, \gamma_{m-1}\}$ は，データに固有の特徴を測るために利用できる．特に EQ 法を複数のデータセットに適用した場合，その結果の比較に有用である．

3.4.2　固有値の分布の検討

次元縮小にかかわるデータ解析の手法では，何らかの対称行列の固有値問題に帰着することが多い．本書で扱う手法については，Torgerson の方法と EQ 法が該当する．冒頭で述べたように，そもそも EQ 法は，$\{s_{ij}\}$ をユークリッド距離で近似することを目的としない．したがって，ユークリッド空間

における座標行列 $\boldsymbol{X}_0$ から計算される距離行列 $\boldsymbol{D}_0$ を，原データ $\{-e_{ij}\}$ とみなして $\boldsymbol{X}_0$ の復元性を議論することは意味がない．その点に留意しつつ，同一のデータに2つの手法を適用した場合，固有値の分布（値の分離状態）を比較したいこともある．

EQ 法の固有値を λ，他の手法（たとえば Torgerson の方法）の固有値を ν と記す．そのような場合，比較条件に応じて1次変換 (3.32) における α と β を決めて，調整した EQ 法の固有値 μ を用いて，固有値の分布を比較できる．

最大固有値と最小固有値を等しく設定する場合

この条件は (3.40) を使うと，

$$\mu_1 = \lambda_1 \beta - 2m\alpha = \nu_1 \tag{3.47}$$

$$\mu_m = \lambda_m \beta - 2m\alpha = \nu_m \tag{3.48}$$

と表される．この連立方程式を解くと次式を得る．

$$\beta = \frac{\nu_1 - \nu_m}{\lambda_1 - \lambda_m} \tag{3.49}$$

$$\alpha = \frac{\lambda_m \nu_1 - \lambda_1 \nu_m}{2m(\lambda_1 - \lambda_m)} \tag{3.50}$$

これはレンジを等しくして，固有値の分布を比較する場合に有用である．この応用については後述の 3.6 節で示す．

1つの固有値と固有値の和を等しく設定する場合

p 番目の固有値と固有値の和を等しくする条件は，(3.40) を使うと

$$\mu_p = \lambda_p \beta - 2m\alpha = \nu_p \tag{3.51}$$

$$\sum_{t=1}^{m} \mu_t = \left(\sum_{t=1}^{m} \lambda_t\right) \beta - 2m(m-1)\alpha = \sum_{t=1}^{m} \nu_t \tag{3.52}$$

と表される．この連立方程式を解くと次式を得る．

$$\beta = \frac{\sum_{t=1}^{m} \nu_t - (m-1)\nu_p}{\sum_{t=1}^{m} \lambda_t - (m-1)\lambda_p} \tag{3.53}$$

$$\alpha = \frac{\lambda_p \sum_{t=1}^{m} \nu_t - \nu_p \sum_{t=1}^{m} \lambda_t}{2m(\sum_{t=1}^{m} \lambda_t - (m-1)\lambda_p)} \tag{3.54}$$

これは他手法の固有値がすべて正のとき,固有値の寄与率を比較する場合に有用である.

固有値の平均と分散を等しく設定する場合

この条件は

$$\sum_{t=1}^{m} \mu_t = \sum_{t=1}^{m} \nu_t, \quad \sum_{t=1}^{m} \mu_t^2 = \sum_{t=1}^{m} \nu_t^2 \tag{3.55}$$

と表される.(3.40) を使うと,若干の計算を経て,

$$\beta = \frac{\sum_{t=1}^{m} \nu_t^2 - (\sum_{t=1}^{m} \nu_t)^2/(m-1)}{\sum_{t=1}^{m} \lambda_t^2 - (\sum_{t=1}^{m} \lambda_t)^2/(m-1)} \tag{3.56}$$

$$\alpha = \frac{\beta(\sum_{t=1}^{m} \lambda_t) - \sum_{t=1}^{m} \nu_t}{2m(m-1)} \tag{3.57}$$

を得る.これは他手法の固有値が正負混合しているときに,固有値の寄与率とバラツキを比較する場合に有用である.

3.5 次元数と適合度の関係

EQ 法によるデータ解析では,導出する空間の次元数は,固有値の分離状態や空間配置の解釈の妥当性を吟味して決める.この際に,r をいくつにすればどの程度の適合度が得られるかという問題が生じる.「適合度」とはデータ $\{e_{jk}\}$ を距離 $\{d_{jk}\}$ が説明する度合を意味する.通常,r を大きくすればするほど,適合度はよくなると暗黙に期待される.しかし,EQ 法の定式化を参照すると,その意味の適合度は定義されていない.したがって次元数と適合度の関係を,直接的には議論できない.

EQ 法の元来の着想によれば,親近性 e_{jk} が大(小)ならば,d_{jk} も大(小)になるべきである.それゆえに,$\{-e_{jk}\}$ を距離 $\{d_{jk}\}$ が説明する度合とは,

両者が単調増加関係にある度合と考えられる．その度合を測る指標として，両者の順位相関を利用する．

(3.30) を参照すれば，r を大きくするほど Q は増加する．

$$\lambda_1 + \lambda_2 = Q(\boldsymbol{x}_1, \boldsymbol{x}_2) > Q(\boldsymbol{x}_1) = \lambda_1 \tag{3.58}$$

$$\lambda_1 = Q(\boldsymbol{x}_1) > Q(\boldsymbol{x}_2) = \lambda_2 \tag{3.59}$$

しかしながら実際のデータ解析では，$Q(\boldsymbol{x}_1, \boldsymbol{x}_2)$ のときは $Q(\boldsymbol{x}_1)$ のときよりも，また $Q(\boldsymbol{x}_1)$ のときは $Q(\boldsymbol{x}_2)$ のときよりも，単調関係の度合が高くない状態が起きる．表 3.2 にそのような 2 つの例を示す．ケース 1 は，表 3.1 のデータ（林ほか，1970）を用いた計算（齋藤，1982）である．ケース 2 は表 2.5 のデータを用いた計算に基づく．

表 3.2 において，EQ 法によって導出された固有ベクトルは，λ_0 を除外した残りの固有値に関して，値の大きい順に $\lambda_1, \lambda_2, \lambda_3$ としたとき，それらに対応する固有ベクトルを，$\boldsymbol{x}_1, \boldsymbol{x}_2, \boldsymbol{x}_3$ と表す．さて $\boldsymbol{x}_1, \boldsymbol{x}_2, \boldsymbol{x}_3$ による距離を $d_{jk}(1,2,3)$ と記す．Kendall の順位相関係数，$\tau(e_{jk}, d_{jk}(1,2,3))$ を簡単に $\tau(1,2,3)$ と記す．$\tau(1)$，$\tau(1,2)$ も同様の記法とする．さらに Spearman の順位相関係数についても，$\rho(1)$，$\rho(1,2)$，$\rho(1,2,3)$ を用いる．

表 3.1 音の非類似性

	O_1	O_2	O_3	O_4	O_5	O_6	O_7	O_8	O_9
O_1	0	36	50	71	38	32	73	29	81
O_2	36	0	40	71	24	44	74	16	80
O_3	50	40	0	45	38	58	49	47	54
O_4	71	71	45	0	64	83	37	63	37
O_5	38	24	38	64	0	38	71	21	74
O_6	32	44	58	83	38	0	81	34	92
O_7	73	74	49	37	71	81	0	64	40
O_8	29	16	47	63	21	34	64	0	73
O_9	81	80	54	37	74	92	40	73	0

表 3.2 のケース 1 を説明する．たとえば $r = 2$ として $\boldsymbol{x}_1$ と $\boldsymbol{x}_2$ を採用するとき，$\tau = 0.660$，$\rho = 0.793$ である．さらに結果を吟味すると，

3.5 次元数と適合度の関係

表 3.2 単調性の検討

次元数 r	固有ベクトル $\{x_t\}$	ケース 1 順位相関係数		ケース 2 順位相関係数	
		τ	ρ	τ	ρ
1	x_1	0.805	0.934	0.486	0.594
	x_2	0.510	0.673	0.143	0.200
	x_3	0.269	0.383	-0.219	-0.286
2	x_1, x_2	0.660	0.793	0.810	0.943
	x_1, x_3	0.598	0.724	0.390	0.557
	x_2, x_3	0.401	0.541	-0.162	-0.225
3	x_1, x_2, x_3	0.609	0.683	0.543	0.761

$$\tau(1) > \tau(1,2) > \tau(1,2,3) \tag{3.60}$$

$$\rho(1) > \rho(1,2) > \rho(1,2,3) \tag{3.61}$$

である．すなわち r を大きくするほど，適合度は低下する．その傾向は，ケース 2 の場合はそれほど顕著ではないが，

$$\tau(1,2) > \tau(1,2,3), \quad \rho(1,2) > \rho(1,2,3) \tag{3.62}$$

である．このような現象の原因は，EQ 法の着想と定式化の乖離に帰せられる．以上をまとめると，次のようにいえる．

1) 最大化基準 Q は，次元数 r に比例して増加するが，順位相関は必ずしも増加しない．
2) EQ 法の着想に従えば，適合度すなわち相関を最大にする固有ベクトルを採用すべきである．
3) 多次元尺度の構成に関して，固有ベクトルを $\{\mu_t\}$ の大きさの順によって採用することは，適合度を優先する限り妥当でない．

EQ 法から発展した MDS 手法として，KL 型数量化理論（林ほか，1970）がある．これは入力データに対する適合性を，EQ 法よりも改善した手法であるが，アルゴリズムは逐次近似的な数値計算法として提案されている．この手法はパラメータ K の符号条件 $(K > 0)$ を直接的に組み込まないために，

計算不能になる事態も起こりうるので，留意する必要がある．なお，EQ法の着想を活かして，1)の問題点を克服する方法が提案されている (Saito, 1982)．なお EQ 法と Torgerson の方法の比較の意義については，林 (1973) の報告が詳しい．

3.6　数値例と設問

3.6.1　色の非類似性データの解析例

ここで，表 2.2 のマンセル色に関する非類似性データを再び取り上げる．この間隔尺度で測定されたデータに Torgerson の計量的 MDS を適用するためには，加算定数を推定して比例尺度のデータに変換する必要があった．前述のように，EQ 法による MDS の有用性は，間隔尺度で測定されたデータの分析にある．この観点から，表 2.2 のデータに EQ 法を適用してみよう．

EQ 法における記法を使うと，e_{ij} は類似性，$-e_{ij}$ は非類似性を表す．本章ですでに説明したことから明らかなように，符号を逆転して類似性から非類似性に（あるいはその逆に）変換しても，EQ 法のアルゴリズム上は有効である．この性質は，EQ 法が操作的なデータ解析法であることに由来し，計量的 MDS がモデル (2.60) に基づく方法であることとは対照的である．これについては (2.1) をめぐる記述を参照されたい．表 2.2 のデータの符号を逆転したものを，類似性データとして EQ 法を適用した．その結果，次の固有値を得た．

$$(\lambda_1, \lambda_2, \lambda_3, \lambda_4, \lambda_5, \lambda_6, \lambda_7, \lambda_8, \lambda_9)$$
$$= (19.104, 14.139, 3.716, 3.127, 0.000, -2.754, -10.075, -12.369, -14.766) \tag{3.63}$$

$\lambda_5 = 0$ であり，無意味な固有ベクトル **1** が対応する．λ_1 に対応する x_1 と λ_2 に対応する x_2 による空間配置 $X = (x_1, x_2)$ を，図 3.1 に示す．図 2.4 を参照すると，この空間配置はマンセル系の色知覚空間に対応することがわかる．また図 3.1 と図 2.6 を比較すると，9 点の相対的な位置関係を見る限り，きわめてよく似ていることがわかる．この結果は，間隔尺度データの MDS

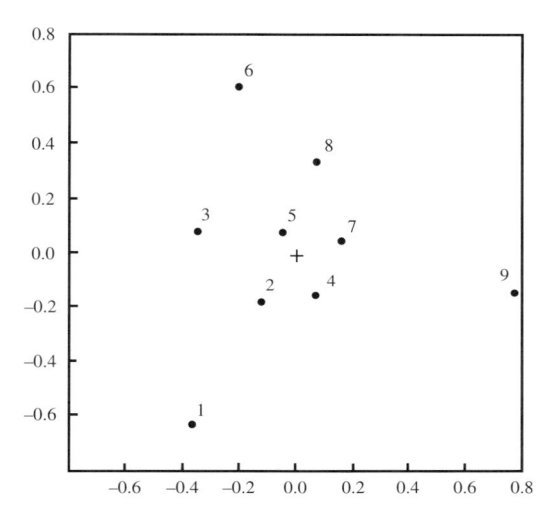

にEQ法が有用なことを示している.

図 3.1 色の空間配置（EQ 法）

3.6.2 果物の非類似性データの解析例

2.5.2項では，表 2.5 の果物の非類似性データ $\{s_{jk}\}$ に Torgerson の方法を適用した結果を示した．その固有値 $\{\nu_t\}$ を表 3.3 に再び示す．このデータを類似性 $e_{jk} = 4 - s_{jk}$ $(j \neq k)$ に変換した．$\{e_{jk}\}$ に EQ 法を適用して得られた固有値 $\{\lambda_t\}$ を，表 3.3 に示す．データの数値はすべて正なので，$\lambda_1 = 0$ 以外は，すべての固有値は負となる．x_2 と x_3 による2次元空間配置をクラス

表 3.3 固有値（Torgerson の方法と EQ 法）

固有値	次元					
	1	2	3	4	5	6
ν	6.892	6.467	3.811	2.710	2.047	0.000
λ	0.000	-8.204	-11.713	-13.993	-14.479	-15.211
μ	6.892	3.441	1.198	0.720	0.000	0.000

タリング結果と重ねて図 3.2 に示す．これを図 2.9 と対比すると，両者の空間配置において，点の相対的な位置関係はほとんど同じであるから，潜在次元の解釈は同じになる．

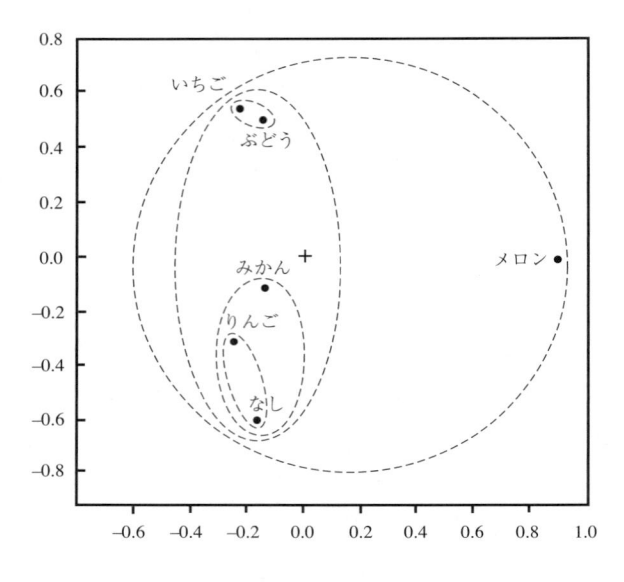

図 3.2 果物の空間配置（EQ 法）

前述したように，Torgerson の方法と EQ 法は定式化の目的が異なるから，同一のデータに両手法を適用した結果を詳細に比較しても意味はない．ここでは，3.4.2 項の議論の応用例を以下に述べる．Torgerson の方法と EQ 法の固有値の分布について，そのレンジを等しくする条件で比較しよう．ここでは $\nu_6 = 0$ だから，この条件は固有値の和に対する個々の固有値の寄与率を検討することに帰着する．(3.49) と (3.50) を用いて，その条件を満たす 1 次変換 $e_{ij}^* = \alpha + \beta e_{ij}$ は，$\alpha = 0.9837, \beta = -1.2469$ と定められる．その結果，調整した固有値 $\{\mu_t\}$ を表 3.3 に示す．λ_t は μ_{t-1} $(t = 2, 3, \ldots, 6)$ に対応することに注意しよう．

図 3.3 は，固有値 $\{\mu_t\}$ と Torgerson の方法による固有値 $\{\nu_t\}$ の分布を示す．これを吟味すると，2 次元に縮約する効率は EQ 法が Torgerson の方

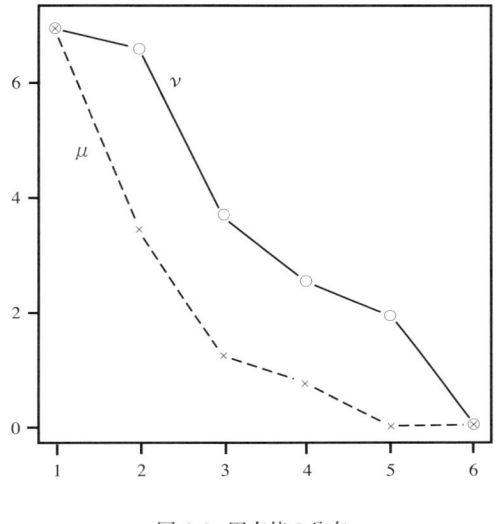

図 3.3 固有値の分布

よりもよい．なお前記したように，表 3.2 のケース 2 によれば，3 次元の解を採用すると相関係数で測った適合度は低下する．なお指標 (3.46) を用いて，このデータに固有の γ の値は，

$$(\gamma_1, \gamma_2, \gamma_3, \gamma_4, \gamma_5) = (1.000, 0.499, 0.174, 0.104, 0.000) \tag{3.64}$$

と表される．

3.6.3 設問

1) e_{jk} $(j \neq k)$ がすべて正のとき，対称行列 $\boldsymbol{G}$ の最大固有値は 0 となる．e_{jk} $(j \neq k)$ がすべて負のとき，対称行列 $\boldsymbol{G}$ の最小固有値は 0 となる．このことを示せ．

2) 親近性行列 $\boldsymbol{E} = (e_{jk})$ が非対称のとき，それは 3.2 節の議論，たとえば (3.5) や (3.11) にどのような影響があるか．

3) 正負の混合したデータ $\{e_{jk}\}$ を探し，それを適当に 1 次変換したデータ $\{e_{jk}^*\}$ を生成せよ．また，それぞれに EQ 法を適用し，固有値の対

応関係 (3.42) を確かめよ．
4) EQ 法，Torgerson の方法と主座標分析の関連を理論的に整理せよ．

第4章

非計量的多次元尺度構成法

4.1 はじめに

　非計量的 MDS を計量的 MDS および準計量的 MDS と対比しよう．MDS において非類似性を距離によって表現するとは，次のことをさす．

1) s_{jk} の1次変換量がユークリッド距離 d_{jk} に比例する．
2) $\{s_{jk}\}$ の順序関係が $\{d_{jk}\}$ の順序関係と一致する．

　計量的 MDS は 1) の意味で，s_{jk} を距離とみなせるかどうかを検討する過程を含む．しかしながら非計量的 MDS では，2) の意味で $\{s_{jk}\}$ を $\{d_{jk}\}$ によって表現できる条件は明らかでなく，その可能性を検討する過程を含まない．この手法はデータにモデルを当てはめる技法である．なお，準計量的 MDS の定式化の考え方は 1) と 2) に関連するが，正確にはどちらにも該当しない．

　非計量的 MDS の基礎となるおおまかな考え方を説明しよう．2) を満たす d_{jk} が存在するとしても，2) だけでは一意的な座標 $\boldsymbol{X} = \{x_{jt}\}$ が定まるとは限らない．たとえば，解を定める空間をユークリッド空間に限定し，回転，平行移動，伸縮，反転などの不定性を別としても，2) を満たす d_{jk} は一意的には決まらない．簡単な例として，2次元空間に3点 i, j, k の点間距離が $d_{ij} < d_{jk} < d_{ki}$ となるように $\boldsymbol{X}$ を定めるとすると，$\boldsymbol{X}$ は一意的には決まらない．j と k を固定すると，図 4.1 のアミかけ領域に i が存在すれば，その不等式は満たされるから，$\boldsymbol{X}$ はアミかけ領域として与えられる．

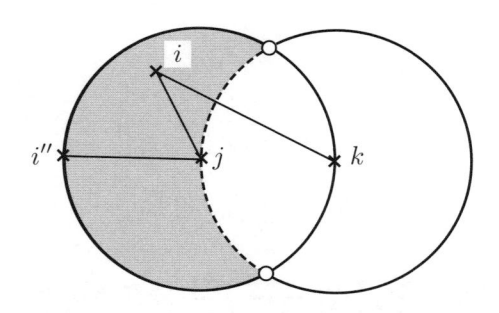

図 4.1 $d_{ij} < d_{jk} < d_{ki}$ を満たす点 i の領域

さらに不等式を満たす最小次元の空間は，同図の線分 $i''j$ である．2 次元の空間であっても，点の個数が増すにつれて距離の順序関係の制約が増すから，このような不定性は減少する (Shepard, 1966)．一般に r 次元空間に m 個の点を配置すれば，点間距離の順序関係の制約は飛躍的に増えていく．X を mr 次元ベクトル x に書き換える．点間距離 $\{d_{jk}\}$ が与えられた順序関係を満たす x の領域は，m が有限である限り，mr 次元空間における多面体領域になり，一意的には決まらない．この類の不定性により，非計量的手法の定式化は，まず 2) について単調性を定義する．その単調性を満たす度合を測る指標（適合度基準）を設定し，それを最適化することにより，X を求めるという方針をとる．

なお，非計量的手法の理論的な背景については，4.4 節を参照されたい．非計量的手法のアプローチや定式化には，いろいろなものが存在する．中には詳細が不明なものもあるが，Kruskal (1964a, 1964b) の方法がわかりやすいので，本章ではこの方法を説明する．

4.2 非計量的アプローチ

4.2.1 単調性の設定

非計量的 MDS 手法は一般に，順序尺度で測定された（非）類似性データ $S = \{s_{jk} | j \neq k\}$ を入力データとして，出力として座標 $X = \{x_{jt}\}$ を定め

る．簡単のため，$\boldsymbol{X}$ を r 次元ユークリッド空間に定めるならば，その空間における対象 j と k の間の距離 d_{jk} は

$$d_{jk} = f(\boldsymbol{x}_j, \boldsymbol{x}_k) = \left(\sum_{t=1}^{r}(x_{jt} - x_{kt})^2\right)^{\frac{1}{2}} \tag{4.1}$$

となる．第二に，距離関数を (4.1) よりも一般的なミンコフスキー距離

$$d_{jk} = f(\boldsymbol{x}_j, \boldsymbol{x}_k) = \left(\sum_{t=1}^{r}|x_{jt} - x_{kt}|^p\right)^{\frac{1}{p}}, \quad p \geq 1 \tag{4.2}$$

に拡張し，それが定義される空間に $\boldsymbol{X}$ を定めることができる．第三に，あらかじめ指定した次元数 r の下での最適解 $\boldsymbol{X}$ を求める．そして r を変えて実行した結果を比較検討し，最適な r を決定する．

ここで単調性の定義を述べる．$\boldsymbol{S}$ を単調変換した媒介変数 $\hat{\boldsymbol{D}}$ を考え，これをディスパリティ(disparity)とよぶ．$\boldsymbol{D} = \{d_{jk} | j \neq k\}$ とし，$\hat{\boldsymbol{D}}$ と $\boldsymbol{D}$ を最小 2 乗法的に適合させることを目標とする．s_{jk} に対応する $\hat{\boldsymbol{D}}$ の要素を $\hat{d}_{jk}$ と記す．この方法を模式的に示すと

$$\boldsymbol{S} \sim \hat{\boldsymbol{D}} \simeq \boldsymbol{D} = f(\boldsymbol{X}) \tag{4.3}$$

となる．ここで $\sim$ は単調関係

$$s_{jk} > s_{lm} \Longrightarrow \hat{d}_{jk} \geq \hat{d}_{lm} \tag{4.4}$$

$$s_{jk} = s_{lm} \Longrightarrow \hat{d}_{jk} = \hat{d}_{lm} \tag{4.5}$$

を意味し，$\simeq$ は最小 2 乗法的な近似を意味する．したがってこの方法では，$\boldsymbol{S}$ と $\hat{\boldsymbol{D}}$ の単調関係は完全に満たされるが，$\boldsymbol{S}$ と $\boldsymbol{D}$ の単調関係は近似的に満たされる．完全に満たされる場合は，間接的な結果である（図 4.2 参照）．$\hat{\boldsymbol{D}}$ の作り方を単調回帰 (monotonic regression) とよび，$\boldsymbol{D}$ と $\hat{\boldsymbol{D}}$ の適合性を測る指標をストレス (stress) とよぶ．

4.2.2 適合度と問題の定式化

(4.3) における $\boldsymbol{S}$，$\boldsymbol{D}$，$\hat{\boldsymbol{D}}$ の関係を図 4.2 に示す．s_{jk} に対応する d_{jk} を × 印，$\hat{d}_{jk}$ を○印で表す．通常 $s_{jk} = s_{kj}$ であり，また明らかに $d_{jk} = d_{kj}$ だか

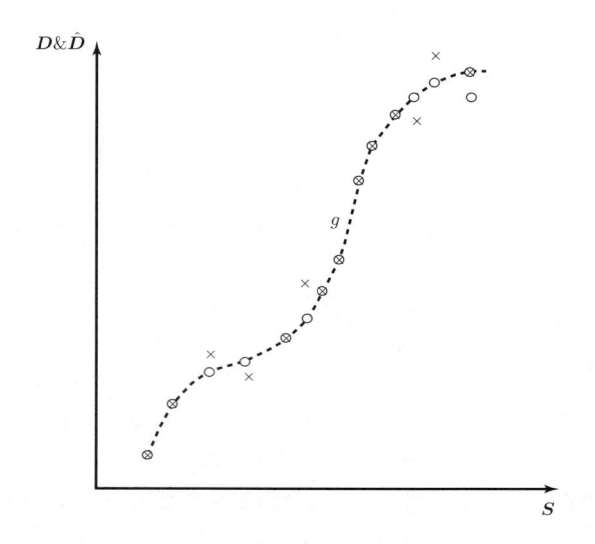

図 4.2 非類似性 S, 距離 D, ディスパリティ $\hat{D}$ の対応関係

ら，$\hat{d}_{jk} = \hat{d}_{kj}$ である．いま $\{s_{jk}\}$ 対 $\{d_{jk}\}$ をプロットし，1 本の単調曲線 g を当てはめたとき，いくつかの点が g からズレているとする．g の当てはめ方としてはそのズレの 2 乗和が最小になるように g を作る．s_{jk} に対応する g 上の点が $\hat{d}_{jk}$ となる．このとき，$\{\hat{d}_{jk}\}$ 対 $\{d_{jk}\}$ の対応関係をプロットすれば，図 4.3 に示すようにほぼ直線になるはずである．図 4.2 における×印の g からのズレは，図 4.3 では直線からのズレとして表される．

このズレを最小 2 乗法的に評価した指標

$$Q = \sum_{j=1}^{m} \sum_{k=1}^{m} (d_{jk} - \hat{d}_{jk})^2 \tag{4.6}$$

を考える．Q を次のように標準化した非適合度の指標 η_1, η_2 をそれぞれストレス 1，ストレス 2 とよぶ．

$$\eta_1 = \left(\frac{\sum_{j,k}(d_{jk} - \hat{d}_{jk})^2}{\sum_{j,k} d_{jk}^2} \right)^{\frac{1}{2}} \tag{4.7}$$

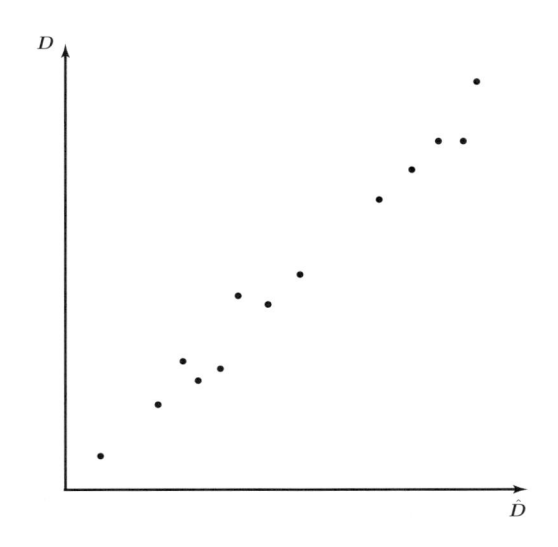

図 4.3 ディスパリティ $\hat{D}$ と距離 D の対応関係

$$\eta_2 = \left(\frac{\sum_{j,k}(d_{jk} - \hat{d}_{jk})^2}{\sum_{j,k}(d_{jk} - d)^2}\right)^{\frac{1}{2}} \quad \text{ここで} \quad d = \frac{1}{m(m-1)}\sum_{j,k} d_{jk} \qquad (4.8)$$

である.η_α ($\alpha = 1, 2$) は値が,大きいほどズレが大きいことを意味し,適合度が完全なときは $\eta_\alpha = 0$ で,領域は

$$0 \leq \eta_\alpha < 1 \quad (\alpha = 1, 2) \qquad (4.9)$$

である.距離 $\{d_{jk}\}$ の分散が大きいほど,η_2 は小さくなる.$\eta_2 > \eta_1$ だから,η_1 を使うよりも η_2 を使うほうが適合度評価は厳しい.また退化した解を避けるためには,η_1 よりは η_2 のほうが有効である.そこで,以下ではストレス 2 を使うことにし,η_2 を η と記し,それを単にストレスとよぶ.

こうして $\hat{D}$ を導入して,単調関係を (4.4), (4.5) で定義したことにより,非適合度はストレス η として設定された.与えられた S に対して,何らかの手続きにより X を定めたとすれば,X から D を計算,さらに D から $\hat{D}$ を求める.このときの非適合度を,目的関数

$$\eta = h(\boldsymbol{D}, \hat{\boldsymbol{D}}|\boldsymbol{S}) \tag{4.10}$$

と表現すれば，単調回帰原理は h を最小にする $\hat{\boldsymbol{D}}$ を作ることである．そして $\boldsymbol{D} = f(\boldsymbol{X})$ であり，$\boldsymbol{D}$ も間接的に $\boldsymbol{X}$ の関数だから，Kruskal の方法は f と r を指定し，

$$\eta = h(\boldsymbol{D}(\boldsymbol{X}), \hat{\boldsymbol{D}}(\boldsymbol{X})|\boldsymbol{S}) \tag{4.11}$$

を最小にする $\boldsymbol{X}$ を求める問題として定式化される．

4.3 単調回帰のアルゴリズム

4.3.1 ディスパリティの生成

$\boldsymbol{S}$ と $\boldsymbol{D}$ が与えられたとき，方針 (4.3) にそって $\hat{\boldsymbol{D}}$ を作る単調回帰を説明する．まず $\{s_{jk}\}$ を値の小さい順に順位づける．ただし順位の同じもの（タイ）はないとする．記号を簡略化して，順位 i にある s_{jk} を s_i と記す．

$$s_1 < s_2 < \cdots < s_i < \cdots s_{\ell-1} < s_\ell$$
$$d_1 \quad d_2 \quad \cdots \quad d_i \quad \cdots \quad d_{\ell-1} \quad d_\ell$$

s_i に対応する d_{jk} を d_i と記す．つまり $\{d_i\}$ は，$\{s_{jk}\}$ の順位に従って $\{d_{jk}\}$ を並べ換えたものである．s_i に対応する $\hat{d}_{jk}$ を $\hat{d}_i$ とする．

単調回帰の基本的な方針は次のとおりである．$\{\hat{d}_i\}$ は，$\{s_i\}$ と $\{d_i\}$ に基づき，$\hat{d}_1$ から順に，逐次近似的に作られていく．

1) $\hat{d}_1 = d_1$ とする．
2) $(k-1)$ 番目までの $\{\hat{d}_i\}$ を作ったとする．$\hat{d}_k$ に仮の値 d_k を与える．
3) $\hat{d}_k \geq \hat{d}_{k-1}$ のとき $\hat{d}_k = d_k$ と定める．2) にいき $\hat{d}_{k+1}$ に移る．
4) $\hat{d}_k < \hat{d}_{k-1}$ のとき $\hat{d}_k$ を修正し，$\hat{d}_k \geq \hat{d}_{k-i}$ $(i = 1, 2, \ldots, k-1)$ を満たすようにする．2) にいき $\hat{d}_{k+1}$ に移る．
5) $\hat{d}_\ell$ を定めたとき，逐次近似のプロセスを終了する．

ステップ 4) における修正は，次のように行う．$i = 1, 2, \ldots, k-2$ と順に変えて，

4.3 単調回帰のアルゴリズム

表 4.1 単調回帰の実行例

	D	$\hat{D}^{(0)}$	$\hat{D}^{(1)}$	$\hat{D}^{(2)}$	$\hat{D}^{(3)}$	$\hat{D}^{(4)}$	$\hat{D}^{(5)}$
1	1.0	1.0	1.0	1.0	1.0	1.0	1.0
2	2.5		2.5	2.5	2.5	2.5	2.5
3	7.0		7.0	6.5	6.2	5.5	5.5
4	6.0		×	6.5	6.2	5.5	5.5
5	5.6			×	6.2	5.5	5.5
6	3.4				×	5.5	5.5
7	7.8					7.8	7.8
8	9.0					9.0	8.8
9	8.6					×	8.8
10	9.3						9.3

$$\hat{d}_. = \frac{1}{1+i}\left(\hat{d}_k + \sum_{\tau=1}^{i} d_{k-\tau}\right) \geq \hat{d}_{k-i-1} \quad (4.12)$$

を満たす最小の i を見つける．見つかれば $(i+1)$ 個のディスパリティをブロック化し，その平均値 $\hat{d}_.$ を用いて

$$\hat{d}_k = \hat{d}_{k-1} = \hat{d}_{k-2} = \cdots = \hat{d}_{k-i} = \hat{d}_. \quad (4.13)$$

とする．見つからないときは，

$$\hat{d}_. = \frac{1}{k}\sum_{i=1}^{k} \hat{d}_i \quad (4.14)$$

$$\hat{d}_i = \hat{d}_. \quad (i=1,2,\ldots,k) \quad (4.15)$$

とする．

このプロセスを終了したとき (4.4) と (4.5) は必ず満たされる．このプロセスの実行例を表 4.1 に示す．同表において D 列は，$\{s_{jk}\}$ の順序に従って $\{d_{jk}\}$ を並べ換えたものである．$\hat{D}^{(0)}$ は 1), $\hat{D}^{(1)}$ は 3) を 2 回実行し，3 回目に 4) が起こり（×印），修正した結果が $\hat{D}^{(2)}$ である．最終結果は $\hat{D} = \hat{D}^{(5)}$ となり，図 4.4 に示す．このとき，$\eta = 0.305$ である．

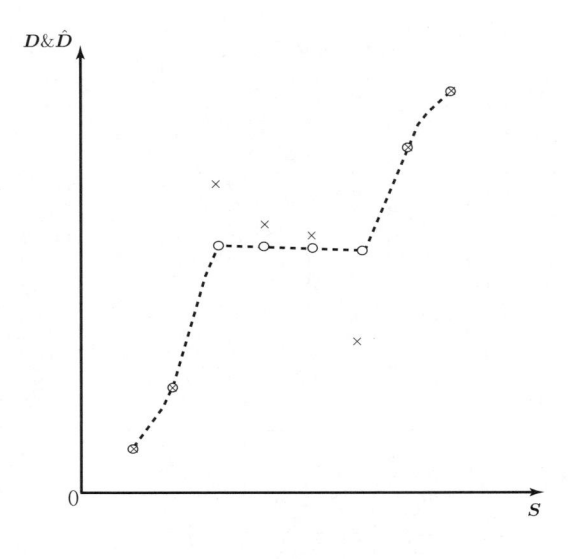

図 4.4 表 4.1 の図示

同順位（タイ）データの処理

4.3.1 項では $\{s_i\}$ にタイがない場合を仮定した．いま

$$\boldsymbol{S}_+ = \{s_{i+1}, s_{i+2}, \ldots, s_{i+n}\} \tag{4.16}$$

がタイとしよう．このとき $\boldsymbol{S}_+$ に対応する

$$\boldsymbol{D}_+ = \{d_{i+1}, d_{i+2}, \ldots, d_{i+n}\} \tag{4.17}$$

の各要素を，$\boldsymbol{D}_+$ の平均値

$$d_+ = \frac{1}{n} \sum_{\tau=1}^{n} d_{i+\tau} \tag{4.18}$$

で置き換える．そして 1) ～ 4) を実行すれば，(4.5) が満たされる（タイの第一処理）．もし (4.5) の条件を無視して，$\boldsymbol{S}_+$ に対応するディスパリティはタイでなくともよいとすれば，$\boldsymbol{S}_+$ に対応する $\boldsymbol{D}_+$ を各要素の値の順に置き換えて，1) ～ 4) を実行することもできる（タイの第二処理）．例を示せば，

	s_1	$<$	s_2	$=$	s_3	$<$	s_4	
$\boldsymbol{D}$	5		4		2		6	
$\boldsymbol{D}_{1+}$	5		3		3		6	第一処理
$\boldsymbol{D}_{2+}$	5		2		4		6	第二処理

となる．なお第一，第二処理ともに $\hat{\boldsymbol{D}}$ を作るために，$\boldsymbol{D}$ を $\boldsymbol{D}_{1+}$, $\boldsymbol{D}_{2+}$ と置き換えたが，ストレス η を計算するときには，本来の $\boldsymbol{D}$ を使うことに注意する．

非対称データの処理

本書では一般に，対称なデータ ($s_{jk} = s_{kj}$) を扱う MDS を説明することを目的としている．ここでは特別に，非類似性データが非対称 ($s_{jk} \neq s_{kj}$) な場合に，上記のアプローチが拡張できることについて述べる．

これまで $\boldsymbol{S} = \{s_{jk}| j \neq k\}$ は対称で，$m(m-1)/2$ 個の順序データを利用して，(4.3) の方針にそって対称な $\hat{\boldsymbol{D}} = \{\hat{d}_{jk}| j \neq k\}$ を作ることを考えた．いま非類似性 $\boldsymbol{S}$ が非対称の場合に，$\hat{\boldsymbol{D}}$ を作りたいとしよう．このとき s_{jk} に d_{jk} と $\hat{d}_{jk}$ を，s_{kj} に d_{kj} ($= d_{jk}$) と $\hat{d}_{kj}$ を対応させれば，(4.4) は $m(m-1)$ 個の要素からなる系列であり，前記の $\hat{\boldsymbol{D}}$ の作り方をそのまま利用できる．なお，ストレスは $\hat{d}_{jk} \neq \hat{d}_{kj}$ に注意して (4.8) によって計算すればよい．

4.3.2 単調回帰原理の性質

単調回帰原理により，$\hat{\boldsymbol{D}}$ が全体で β 個のブロックに分かれたとする．ブロック b に属する n_b 個の要素を $\hat{d}_{bi}$ ($i = 1, 2, \ldots, n_b$)，$\hat{d}_{bi}$ に対応する距離を d_{bi} と記す．すると

$$\hat{d}_b = \frac{1}{n_b} \sum_{i=1}^{n_b} \hat{d}_{bi} = \frac{1}{n_b} \sum_{i=1}^{n_b} d_{bi} = d_b \tag{4.19}$$

となり，同様に

$$\sum_{j,k}^{m} d_{jk} = \sum_{b=1}^{\beta} \sum_{i=1}^{n_b} \hat{d}_{bi} = \sum_{j,k}^{m} \hat{d}_{jk} \tag{4.20}$$

$$d = \hat{d} \tag{4.21}$$

また

$$\sum_{j,k}^{m} (d_{jk} - \hat{d}_{jk})\hat{d}_{jk} = \sum_{b}^{\beta} \sum_{i}^{n_b} (d_{bi} - \hat{d}_{bi})\hat{d}_{bi} \tag{4.22}$$

$$= \sum_{b}^{\beta} \hat{d}_b \left(\sum_{i}^{n_b} d_{bi} - n_b \hat{d}_b \right) = 0 \tag{4.23}$$

$$\sum_{j,k}^{m} d_{jk}\hat{d}_{jk} = \sum_{j,k}^{m} \hat{d}_{jk}^2 \tag{4.24}$$

(4.6) を展開して (4.24) を使うと

$$Q = \sum_{j,k}^{m} d_{jk}^2 - \sum_{j,k}^{m} \hat{d}_{jk}^2 \geq 0 \tag{4.25}$$

$$\sum_{j,k}^{m} d_{jk}^2 \geq \sum_{j,k}^{m} \hat{d}_{jk}^2 \tag{4.26}$$

さらに (4.19), (4.20) を用いて

$$\sum_{j,k}^{m} \hat{d}_{jk}^2 = \sum_{b=1}^{\beta} n_b \hat{d}_b^2 = \sum_{b=1}^{\beta} \frac{1}{n_b} \left(\sum_{i=1}^{n_b} d_{bi} \right)^2 > \frac{1}{\sum_{b}^{\beta} n_b} \left(\sum_{b=1}^{\beta} \sum_{i=1}^{n_b} d_{bi} \right)^2 \tag{4.27}$$

$$\sum_{j,k}^{m} \hat{d}_{jk}^2 > \frac{1}{m(m-1)} \left(\sum_{j,k}^{m} d_{jk} \right)^2 = m(m-1)d^2 \tag{4.28}$$

(4.24), (4.28) を (4.8) に用いて次の不等式を得る.

$$0 \leq \eta^2 = \frac{\sum_{j,k} d_{jk}^2 - \sum_{j,k} \hat{d}_{jk}^2}{\sum_{j,k} d_{jk}^2 - m(m-1)d^2} < 1 \tag{4.29}$$

4.3.3 勾配法とストレスの微分

目的関数 (4.10) を最小にする X を求めるために,さまざまな数値計算法を適用できる.ここでは最も簡単な勾配法(Newton 法)を用いて,X から $\tilde{X}$ を求める逐次近似計算を説明する.この過程の概略を示すと

$$X \to D = f(X) \to \hat{D} \to \eta \to \frac{\partial \eta}{\partial X} \to \tilde{X} = X - \Delta \frac{\partial \eta}{\partial X} \tag{4.30}$$

となる.ここで,$\partial \eta / \partial X = \{\partial \eta / x_{jt}\}$ であり,Δ はステップサイズである.ストレス η の X による微分を計算する必要がある.勾配法は 1 次微分を利用して実行できる.しかし極値に近づくにつれて収束が遅くなる勾配法の欠点を補うために,2 次微分も利用する Newton-Raphson 法を使うこともできる.ここでは 1 次微分のみを利用する勾配法を取り上げることにしよう.ところで勾配法を使う根拠として,η が x_{jt} に関して連続であり,微分可能であることが証明されている (Kruskal, 1971).

ストレス η の微分を導こう.まず

$$\eta = \left(\frac{A}{B}\right)^{\frac{1}{2}} \tag{4.31}$$

$$A = \sum_{j,k}^{m}(d_{jk} - \hat{d}_{jk})^2 \tag{4.32}$$

$$B = \sum_{j,k}^{m}(d_{jk} - d)^2 \tag{4.33}$$

とおく.各項を微分し,単調回帰原理の性質を考慮して次式を得る.

$$\frac{\partial \eta}{\partial x_{ia}} = \frac{1}{2}\left(\frac{\eta}{A}\frac{\partial A}{\partial x_{ia}} - \frac{\eta}{B}\frac{\partial B}{\partial x_{ia}}\right) \tag{4.34}$$

$$\frac{\partial A}{\partial x_{ia}} = 2\sum_{j,k}^{m}(d_{jk} - \hat{d}_{jk})\left(\frac{\partial d_{jk}}{\partial x_{ia}} - \frac{\partial \hat{d}_{jk}}{\partial x_{ia}}\right) = 2\sum_{j,k}^{m}(d_{jk} - \hat{d}_{jk})\frac{\partial d_{jk}}{\partial x_{ia}} \tag{4.35}$$

$$\frac{\partial B}{\partial x_{ia}} = 2\sum_{j,k}^{m}(d_{jk} - d)\left(\frac{\partial d_{jk}}{\partial x_{ia}} - \frac{\partial d}{\partial x_{ia}}\right) = 2\sum_{j,k}^{m}(d_{jk} - d)\frac{\partial d_{jk}}{\partial x_{ia}} \tag{4.36}$$

距離をミンコフスキー距離に設定すると,次式を得る.

$$d_{jk} = \left(\sum_{t=1}^{r} |x_{jt} - x_{kt}|^p\right)^{\frac{1}{p}}, \quad p \geq 1 \tag{4.37}$$

$$\frac{\partial d_{jk}}{\partial x_{ia}} = \frac{1}{p}\left(\sum_{t=1}^{r} |x_{jt} - x_{kt}|^p\right)^{\frac{1-p}{p}} \cdot \frac{\partial}{\partial x_{ia}}\left(\sum_{t=1}^{r} |x_{jt} - x_{kt}|^p\right) \tag{4.38}$$

$$= d_{jk}^{1-p} \cdot |x_{jt} - x_{kt}|^{p-1} \mathrm{sign}(x_{ja} - x_{ka}) \tag{4.39}$$

ここで

$$\mathrm{sign}(x_{ja} - x_{ka}) = \begin{cases} 1 & (x_{ja} - x_{ka} > 0 \text{ のとき}) \\ 0 & (x_{ja} - x_{ka} = 0 \text{ のとき}) \\ -1 & (x_{ja} - x_{ka} < 0 \text{ のとき}) \end{cases} \tag{4.40}$$

とする．(4.35)〜(4.39) を (4.34) に代入して次式を得る．

$$\frac{\partial \eta}{\partial x_{ia}} = \frac{\eta}{A}\sum_{j,k}^{m}(d_{jk} - \hat{d}_{jk})\frac{\partial d_{jk}}{\partial x_{ia}} - \frac{\eta}{B}\sum_{j,k}^{m}(d_{jk} - d)\frac{\partial d_{jk}}{\partial x_{ia}} \tag{4.41}$$

$$= 2\eta \sum_{k \neq i}^{m} d_{ik}^{1-p}\left(\frac{d_{ik} - \hat{d}_{ik}}{A} - \frac{d_{ik} - d}{B}\right)$$

$$\cdot |x_{ia} - x_{ka}|^{p-1}\mathrm{sign}(x_{ia} - x_{ka}) \tag{4.42}$$

特にユークリッド距離 $(p=2)$ のとき

$$\frac{\partial \eta}{\partial x_{ia}} = 2\eta \sum_{k \neq i}^{m} \frac{1}{d_{ik}}\left(\frac{d_{ik} - \hat{d}_{ik}}{A} - \frac{d_{ik} - d}{B}\right) \cdot (x_{ia} - x_{ka}) \tag{4.43}$$

また，市街地距離 $(p=1)$ のとき

$$\frac{\partial \eta}{\partial x_{ia}} = 2\eta \sum_{k \neq i}^{m} \frac{1}{d_{ik}}\left(\frac{d_{ik} - \hat{d}_{ik}}{A} - \frac{d_{ik} - d}{B}\right)\mathrm{sign}(x_{ia} - x_{ka}) \tag{4.44}$$

S が非対称のとき $\hat{D}$ も非対称になり，η は (4.8) で与えられることをすでに述べた．このとき η の微分は

$$\frac{\partial \eta}{\partial x_{ia}} = \eta \sum_{k \neq i}^{m} d_{ik}^{1-p} \frac{2d_{jk} - \hat{d}_{jk} - \hat{d}_{kj}}{A} - \frac{2(d_{jk} - d)}{B}$$

$$\cdot |x_{ia} - x_{ka}|^{p-1}\mathrm{sign}(x_{ia} - x_{ka}) \tag{4.45}$$

4.3.4 標準化

ストレス η は，単調回帰原理によって $\hat{D}$ を作るとき，座標の平行移動，単位のとり方によらず一定である．1次変換

$$x'_{jt} = \alpha_t + \beta x_{jt} \quad (\beta > 0) \tag{4.46}$$

を施した場合，変換前の d_{jk}, $\hat{d}_{jk}$, η に対して，変換後のものを d'_{jk}, $\hat{d}'_{jk}$, η' と書く．変換 (4.46) の下では

$$d'_{jk} = \left(\sum_{t=1}^{r} |x'_{jt} - x'_{kt}|^p\right)^{\frac{1}{p}} = \beta d_{jk} \tag{4.47}$$

ところで単調回帰原理においては，$\hat{D}$ を D より作るから，

$$\hat{d}'_{jk} = \beta \hat{d}_{jk} \tag{4.48}$$

となる．なお $p = 2$，すなわちユークリッド距離のときには，直交行列を $\boldsymbol{O} = (o_{ta})$ として，

$$x'_{jt} = \alpha_t + \beta \sum_{a=1}^{r} o_{ta} x_{ja} \quad (t = 1, 2, \ldots, r) \tag{4.49}$$

と変換しても (4.47), (4.48) は成り立つことに注意する．したがって

$$\sum_{j,k}^{m} (d'_{jk} - \hat{d}'_{jk})^2 = \beta^2 \sum_{j,k}^{m} (d_{jk} - \hat{d}_{jk})^2 \tag{4.50}$$

$$\sum_{j,k}^{m} (d'_{jk} - d')^2 = \beta^2 \sum_{j,k}^{m} (d_{jk} - d)^2 \tag{4.51}$$

$$\eta' = \eta \tag{4.52}$$

上記の α と β の選び方は任意である．導出した座標 $\boldsymbol{X}$ に1次変換 (4.46) を施して，座標の重心を原点にとり

$$\frac{1}{m} \sum_{j=1}^{m} x'_{jt} = 0 \quad (t = 1, 2, \ldots, r) \tag{4.53}$$

とすれば，利用上便利であろう．すると原点から各点までの距離の2乗和は，座標の分散に比例する．この分散を一定値 c^2 にとれば，出力結果の利用上いろいろと便利である．次の関係

$$\frac{1}{mr}\sum_{j}^{m}\sum_{t}^{r}x_{jt}'^{2} = c^2 \quad (c > 0) \tag{4.54}$$

を満たすためには，

$$a_t = -\frac{1}{m}\sum_{j}^{m}x_{jt}, \quad s_x = \frac{1}{mr}\sum_{j}^{m}\sum_{t}^{r}(x_{jt}+a_t)^2 \tag{4.55}$$

とおき，α_t と β を次のように定めればよい．

$$\alpha_t = \frac{ca_t}{s_x}, \quad \beta = \frac{c}{s_x} \tag{4.56}$$

4.3.5 初期値の計算法

勾配法によって逐次近似計算を行うに際し，座標 $\boldsymbol{X}$ の初期値 $X^{(0)}$ が必要である．$\boldsymbol{X}^{(0)}$ は次のいずれかの方法で与えることができよう．

1) 乱数発生により作成する．
2) 非類似性を示す数値データがあるならば，それに計量的 MDS を適用する．
3) 非類似性を示す順序データ s_{jk} を順位に置き換えて，順位数を数値として扱い，計量的 MDS を適用する．
4) 非類似性を示す数値データに，林の e_{ij} 型数量化を適用する．

初期値 $\boldsymbol{X}^{(0)}$ は，勾配法による逐次近似計算においては，極小値と収束速度の問題に密接な関係をもつ．$\eta(\boldsymbol{X}|\boldsymbol{S}) \to \min$ にする $\boldsymbol{X}$ を $\boldsymbol{X}_*$ と記す．1)～4) のいずれによる $\boldsymbol{X}^{(0)}$ も，逐次近似によって $\boldsymbol{X}_*$ を発見することを保証しない．

1) は Kruskal の原論文で提案された処理である．その $\boldsymbol{X}^{(0)}$ を用いて逐次近似を実行すると，解は求まるにせよ，極小値に落ち込む危険が大きい．2) は $\boldsymbol{X}_*$ にほぼ近い $\boldsymbol{X}^{(0)}$ を与える可能性が大きい．4) は 2) とほぼ同じ程度の

$X^{(0)}$ を与える傾向がある. あえて両者を区別すれば, データ s_{jk} に関して距離のイメージを強くもてるときには, s_{jk} の再現性を目的とする 2) を使うほうがよい. 3) は順位数を距離として扱うので, 一見乱暴な処理である. しかし, ユークリッド距離は予想以上の頑健性をもつので, 簡便法として有用である.

4.4 非計量的手法の理論的背景

4.4.1 心理的距離にかかわるメトリック

非計量的 MDS は順序尺度で測定された非類似性データ S から, ミンコフスキー距離が定義される空間に座標 X を導出する. この節ではその理論的な基礎 (Tversky and Krantz, 1970) の概要を説明する.

距離の公理

すでに 1.4.1 項でメトリックの概念を説明したが, ここでは本節の記述目的にそって距離の公理を述べる. A を対象の集合とし, その要素の順序対 (a, b) に対して定義された実数値の関数 $d(a, b)$ は, 次の条件を満たすとする.

M1)　最小性 (minimality)
$$d(a,b) \geq d(a,a) = 0 \tag{4.57}$$

M2)　対称性 (symmetry)
$$d(a,b) = d(b,a) \tag{4.58}$$

M3)　三角不等式 (triangular inequality)
$$d(c,a) + d(a,b) \geq d(c,b) \tag{4.59}$$

M4)　区分加算性 (segmental additivity)
　　集合 A の任意の要素 a, c $(a \neq c)$ に対して, A から実数区間 $[x, z]$ の上への 1 対 1 であるような写像 f が存在し, 次式が成り立つ.
　　　1) $f(a) = x, \quad f(c) = z$

2) A の任意の要素 b_1, b_2 に対して，$d(b_1, b_2) = |f(b_1) - f(b_2)|$

M1) から M3) を満たす $d(a, b)$ はメトリック (metric) とよばれる．その場合，離散的な値をとることも許容する．M4) は距離が連続的な値をとることを要請する．M1) から M4) を満たす距離を，区分的加算距離 (metric with additive segments) という．

p メトリックの特徴

ここでは n 次元座標空間に 2 点 $x = (x_1, x_2, \ldots, x_n)$, $y = (y_1, y_2, \ldots, y_n)$ が与えられたとして，ミンコフスキー距離（p メトリック）を取り上げる．

$$d(x, y) = \left(\sum_{i=1}^{n} |x_i - y_i|^p \right)^{\frac{1}{p}} \tag{4.60}$$

この距離関数の特徴をあげると，次のようになる．

1) 分解性 (decomposability)
   点間距離は各次元の成分ごとの寄与によって表現される．
2) 次元内減算性 (intradimensional substractivity)
   各次元の寄与成分は座標の差の絶対値で与えられる．
3) 次元間加算性 (interdimensional additivity)
   点間距離は各次元ごとの寄与成分の和の関数である．

心理的距離の関数モデル

まず，対象 a, b は，n 個の成分によって

$$a = (a_1, a_2, \ldots, a_n), \quad b = (b_1, b_2, \ldots, b_n) \tag{4.61}$$

と記述されるとする．一般的には a_i, b_i $(i = 1, 2, \ldots, n)$ は，名義尺度の変量（カテゴリ変量）であり，それに対応する心理的空間における座標 x_i, y_i は未知である．ここで座標とは，次のような実数値関数

$$f_i(a_i) = x_i, \quad f_i(b_i) = y_i \quad (i = 1, 2, \ldots, n) \tag{4.62}$$

を考える．すなわち点 $a = (a_1, a_2, \ldots, a_n)$, $b = (b_1, b_2, \ldots, b_n)$ は未知である．したがって距離 $d(x, y)$ は未知であるが，それに単調関係にある非類似性（心理的距離）$\delta(a, b)$ は既知である．

p メトリックを心理的距離の一モデルとみなして，それを一般化したモデルを考えよう．すなわち (4.60) を，n 次元空間の点 x, y の関数でなく，それぞれの点に対応する対象 a, b の関数 $d(a, b)$ とみなす．

分解性を満たすモデルは，次のような関数型となる．

$$\delta(a, b) = F(\phi_1(a_1, b_1), \phi_1(a_2, b_2), \ldots, \phi_1(a_n, b_n)) \tag{4.63}$$

ここで F は n 個の変数 $\phi_i(a_i, b_i)$ $(i = 1, 2, \ldots, n)$ の単調増加関数とする．また $\phi_i(a_i, b_i)$ は，カテゴリ変量 a_i, b_i に関して対称な関数 $\phi_i(a_i, b_i) = \phi_i(b_i, a_i)$ で，かつ $a_i \neq b_i$ のとき，$\phi_i(a_i, a_i) < \phi_i(a_i, b_i)$ とする．

次元内減算性は (4.63) を前提として，さらに

$$\phi_i(a_i, b_i) = \phi(|x_i - y_i|) \tag{4.64}$$

を仮定した場合である．(4.60) を例にとると，$\phi_i(a_i, b_i) = |x_i - y_i|$ である．次元間加算性を満たすモデルは，(4.63) を前提として，さらに次元間の加算性をもつ場合に該当し，

$$\delta(a, b) = F\left(\sum_{i=1}^{n} \phi_i(a_i, b_i)\right) \tag{4.65}$$

となる．ただし F は単調増加関数とする．

次元内減算性と次元間加算性を同時に仮定すると，$\delta(a, b)$ は次のような関数型となる．

$$\delta(a, b) = F\left(\sum_{i=1}^{n} \phi_i(|x_i - y_i|)\right) \tag{4.66}$$

ここで F と ϕ_i $(i = 1, \ldots, n)$ は，ともに単調増加関数である．

以上の (4.63), (4.65), (4.66) は，心理的距離モデルの関数型を定めており，それが距離かどうかは問題にしていない．

4.4.2 距離関数型と順序データとの関連

(4.61) を用いて，変量 a_i の値域を A_i $(i=1,2,\ldots,n)$ と記す．対象の集合は，
$$A = A_1 \times A_2 \times \cdots \times A_n \tag{4.67}$$
と表される．ただし第 k 成分に関して，すべての対象が同じ値をとるならば，A_k は除外して考える．

対象 a, b の順序対 (a,b) に対して定義された実数値をとる関数 $\mathcal{M}$ を考えよう．$\mathcal{M}(a,b)$ は対象 a, b の非類似性を表す順序尺度値とする．さらに次の条件を満たすとき，b を a と c の中間点とよび，$a|b|c$ と記す．

1) $\mathcal{M}(a,c) \geq \max\{\mathcal{M}(a,b), \mathcal{M}(b,c)\}$
2) $a_i = c_i$ となる任意の i に対して，$a_i = b_i = c_i$

さて，関数 $\mathcal{M}$ に対する公理系として，次の条件 A1)〜A6) を設定しよう．

A1) $a \neq b$ ならば，$\mathcal{M}(a,a) = \mathcal{M}(b,b) < \mathcal{M}(a,b) = \mathcal{M}(b,a)$

A2) $\mathcal{M}(e,a) \leq \alpha \leq \mathcal{M}(e,c)$ ならば，$\mathcal{M}(e,b) = \alpha$ かつ $a|b|c$ となる b が存在する．

A3) 任意の i $(=1,2,\ldots,n)$ について，$a_i = a'_i, b_i = b'_i, c_i = c'_i, e_i = e'_i$ であり，かつすべての $j(\neq i)$ に対して，$a_j = c_j$, $a'_j = c'_j$, $b_j = e_j$, $b'_j = e'_j$ ならば，$\mathcal{M}(a,b) \leq \mathcal{M}(a',b')$ であるために必要十分条件は，$\mathcal{M}(c,e) \leq \mathcal{M}(c',e')$ である．

A4) 任意の i $(=1,2,\ldots,n)$ について，$a_i = c_i$, $a'_i = c'_i$, $b_i = e_i$, $b'_i = e'_i$ であり，かつすべての $j(\neq i)$ に対して，$a_j = a'_j$, $b_j = b'_j$, $c_j = c'_j$, $e_j = e'_j$ ならば，$\mathcal{M}(a,b) \leq \mathcal{M}(a',b')$ であるために必要十分条件は，$\mathcal{M}(c,e) \leq \mathcal{M}(c',e')$ である．

A5) 任意の i $(=1,2,\ldots,n)$ を1つ選ぶとき，すべての $j(\neq i)$ に対して，$a_j = b_j = c_j = e_j$ でかつ，$a|b|c$ ならば，次式が成り立つ．

　i) $b|c|e$ かつ $b \neq c$ ならば，$a|b|e$ かつ $a|c|e$

　ii) $a|c|e$ ならば，$a|b|e$ かつ $b|c|e$

A6) 任意の $i\ (=1,2,\ldots,n)$ を選び，すべての $j(\neq i)$ に対して，$a_j = b_j = c_j = a'_j = b'_j = c'_j$，$a|b|c$，$a'|b'|c'$，かつ $\mathcal{M}(b,c) = \mathcal{M}(b',c')$ が成り立つとする．このとき，$\mathcal{M}(a,b) \leq \mathcal{M}(a',b')$ であるための必要十分条件は，$\mathcal{M}(a,c) \leq \mathcal{M}(a',c')$ である．

A1) は最小性，A2) は連続性，A3) と A4) は独立性，A5) と A6) は 1 次元性を意味している．なお A4) は A3) に含まれる．公理系 A1)〜A6) の下で，次の定理 1)〜4) が成立する．

非類似性の表現定理

n 個の心理的要因が定められており，上記の条件 A1) および A2) を満たす対象の集合があるならば，次の 1)〜4) が成立する．

1) 分解性を満たすための必要十分条件は，A4) が成立することである．このとき ϕ_i は順序尺度となる．

2) 次元内減算性を満たすための必要十分条件は，A4), A5), A6) が成立することである．このとき任意の $i\ (=1,2,\ldots,n)$ に対して，A_i を定義域とする 1 対 1 の関数 f_i が存在する．またそのとき，

$$x_i = f_i(a_i), \quad y_i = f_i(b_i) \quad (i=1,2,\ldots,n) \tag{4.68}$$

とすると，

$$\mathcal{M}(a,b) = F(|x_1 - y_1|, |x_2 - y_2|, \ldots, |x_n - y_n|) \tag{4.69}$$

となる単調増加関数 F が存在する．ここで f_i は間隔尺度である．

3) $n \geq 3$ のとき，次元間加算性を満たすための必要十分条件は，A3) が成立することである．このとき任意の $i\ (=1,2,\ldots,n)$ に対して，$A_i \times A_i$ を定義域とする関数 ϕ_i が存在し，かつ

$$\mathcal{M}(a,b) = F\left(\sum_{i=1}^{n} \phi_i(a_i, b_i)\right) \tag{4.70}$$

となるような単調増加関数 F が存在する．ここで ϕ_i はすべての i に関して共通の単位をもつ間隔尺度である．

4) $n \geq 3$ のとき,次元内減算性および次元間加算性を満たすための必要十分条件は,A3),A5),A6) が成立することである.このとき任意の $i\ (= 1, 2, \ldots, n)$ に対して,A_i を定義域とする関数 f_i と,$A_i \times A_i$ を定義域とする単調増加関数 ϕ_i が存在し,

$$x_i = f_i(a_i), \quad y_i = f_i(b_i) \quad (i = 1, 2, \ldots, n) \tag{4.71}$$

とすると,

$$\mathcal{M}(a,b) = F\left(\sum_{i=1}^{n} \phi_i(|x_i - y_i|)\right) \tag{4.72}$$

となる単調増加関数 F が存在する.ここで f_i は間隔尺度であり,ϕ_i はすべての i に関して共通の単位をもつ間隔尺度である.

4.4.3 p メトリックと順序データとの関連

関数型 (4.66) で与えられる関数 $\delta(a,b)$ を考える.これは次元内減算性と次元間加算性を同時に満たす.この種のモデルは,加算差モデル (additive difference model) とよばれる.さて関数 $\delta(a,b)$ が距離 $d(a,b)$ と両立する (compatible) とは,次のような距離 $d(a,b)$ が存在することをいう.集合 A の任意の要素 a,b,a',b' に対して,

$$\delta(a,b) \leq \delta(a',b') \iff d(a,b) \leq d(a',b') \tag{4.73}$$

以上の準備の下で,さらにいくつかの理論展開を経て,次の定理が導かれる.

p メトリックの存在定理

$\mathcal{M}$ が条件 A1)~A6) を満たすとする.M1)~M4) の条件を満たす距離 d が $\mathcal{M}$ と両立するならば,

$$d(a,b) = \left(\sum_{i=1}^{n} |x_i - y_i|^p\right)^{\frac{1}{p}} \tag{4.74}$$

となるような実数 $p \geq 1$ および実数値関数

$$x_i = f_i(a_i), \quad y_i = f_i(b_i) \ (i = 1, 2, \ldots, n) \tag{4.75}$$

が存在する．

4.5 数値例と設問

4.5.1 人工データの解析例

Kruskal の方法にとって不利な人工データに，その方法を適用してみよう．ここで「不利」とは，タイのデータが多いことを意味する．8点の原空間配置を図 4.5 に示す．また，点間距離 $\{d_{jk}^{(0)}\}$ を表 4.2 の下側三角部分に，$\{d_{jk}^{(0)}\}$ に関する順位データを $\{s_{jk}\}$ とし，表 4.2 の上側三角部分に示す．さらに $\{d_{jk}^{(0)}\}$ から生成された距離のグループ順位 $\{s_{jk}^*\}$ とし，それを表 4.2 の右上半分に（　）つきで示す．

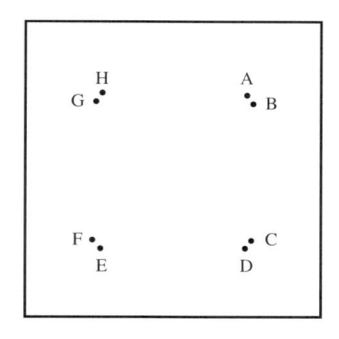

図 4.5　8 点の原空間配置

原空間配置は，その重心に関して，対称かつ等距離にある 4 つのクラスターに点が分布している．$\{s_{jk}\}$ に Kruskal の方法を適用して，原空間配置の復元を期待することは，解が退化する可能性がある．順位データを $\{s_{jk}\}$ と $\{s_{jk}^*\}$ を比較する．$\{s_{jk}\}$ は $\{d_{jk}^{(0)}\}$ の微小な差を，すべて順位として反映する．たとえば，$s_{AB} = 1,\ s_{AC} = 5,\ s_{AD} = 13,\ s_{AE} = 17$ であるが，他方では $s_{AB}^* = s_{AC}^* = 1,\ s_{AD}^* = s_{AE}^* = 2$ である．つまり，$\{s_{jk}^*\}$ は $\{s_{jk}\}$ よりも点の相対的な位置関係の情報を反映している．

表 4.2 8 点空間配置における点間距離と順位データ

	A	B	C	D	E	F	G	H
A		1(1)	8(2)	15(2)	23(3)	27(3)	18(2)	14(2)
B	0.01		5(2)	9(2)	21(3)	24(3)	20(2)	19(2)
C	1.04	1.01		2(1)	10(2)	16(2)	25(3)	28(3)
D	1.11	1.05	0.02		6(2)	11(2)	22(3)	26(3)
E	1.43	1.41	1.06	1.02		3(1)	12(2)	17(2)
F	1.47	1.44	1.12	1.07	0.03		7(2)	13(2)
G	1.14	1.16	1.45	1.42	1.08	1.03		4(1)
H	1.10	1.15	1.48	1.46	1.13	1.09	0.04	

　距離関数をユークリッド距離に指定し，次元数を $r = 1, 2, 3$ として Kruskal の方法を適用した．表 4.3 は，ストレス値 η ($= \eta_2$) を示す（参考までに η_1 の値も記す）．ストレス $\eta(r)$ の値だけを見ると，$r = 3$ のとき適合度は完全である．通常の実行例では r を大きくすると，η がなだらかに減少する．さらに r を増加すると，誤差の範囲内で若干増加する．$\eta(r)$ のそのような変化を検討し，また S 対 D の対応関係のプロットについて，その単調性を十分に吟味して最終解を採用する．

表 4.3 ストレス値

r	1	2	3
η_1	23.64×10^2	0.05×10^2	0.00×10^2
η_2	44.53×10^2	0.14×10^2	0.00×10^2

　以上の点を考慮して，この計算例では，$r = 2$, $\eta = 0.14 \times 10^2$ を最終解とする．この解を図 4.6 に示し，それを原空間配置と比較すると，不利な入力データにもかかわらず，点の相対的な位置関係をよく復元している．図 4.7 から図 4.9 は，最終解における諸量の対応関係を示す．

　図 4.7 は，非類似性 S とディスパリティ $\hat{D}$ の対応関係を示す．図 4.8 によれば，$\eta = 0.14 \times 10^2$ は直線関係からのわずかなズレを表している．図 4.9 によれば，S と D の単調関係は達成されている．なお $r = 3$ として導出した 3 次元解の 1–2 次元の空間配置は，$r = 2$ の空間配置とほとんど同じである．

4.5 数値例と設問

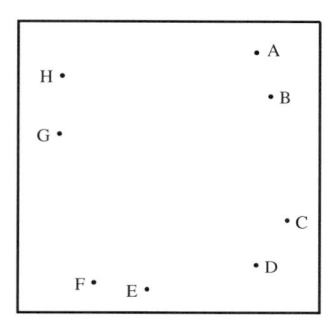

図 4.6 導出した空間配置

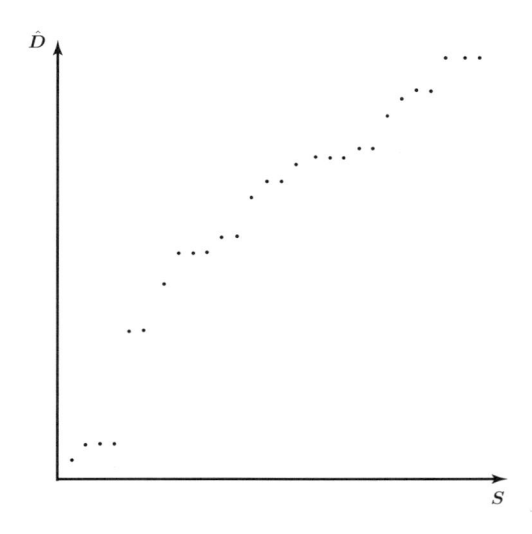

図 4.7 非類似性 S とディスパリティ $\hat{D}$ の対応関係

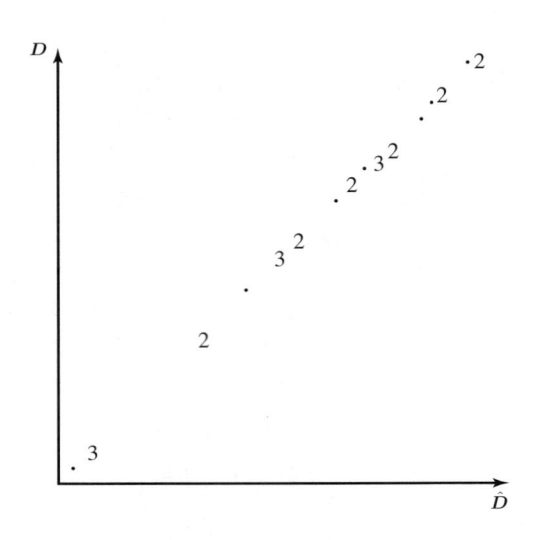

図 4.8 ディスパリティ $\hat{D}$ と距離 D の対応関係

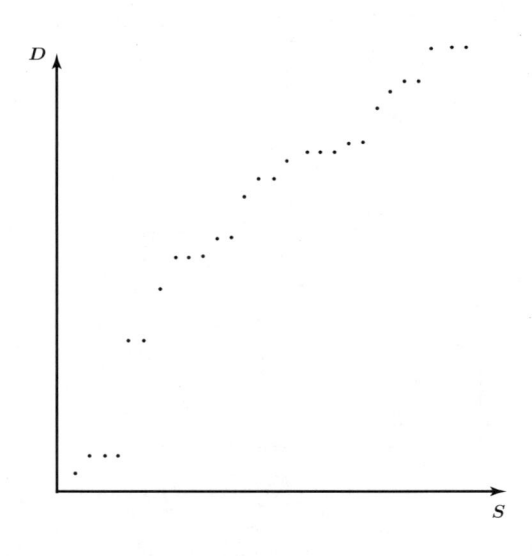

図 4.9 非類似性 S と距離 D の対応関係

4.5.2　果物の空間配置の総合的比較

同一のデータにいくつかの手法を適用して，複数の空間配置を導出し，それらから総合的な知見を得たいことがしばしばある．簡単な場合を取り上げる．同一のデータから2つの手法により，n 個の対象について，r 次元の座標行列 $\boldsymbol{A}$ と $\boldsymbol{B}$ を得たとしよう．$\boldsymbol{A}$ と $\boldsymbol{B}$ を図的表現して（たとえばプロット），視覚的に空間配置の相違を吟味することは基本的な作業である．特にデータに関する専門的情報があれば，その作業から潜在構造の新たな解釈や，現象に関する総合的知見を得ることができよう．しかし直観的な検討に加えて，空間配置の相違を客観的に検討することも重要である．

そのような検討法を説明する．空間配置の相違度を2つの指標によって測ることを考える．空間配置 $\boldsymbol{A}$，$\boldsymbol{B}$ の近さを測るために，第一に Lingoes and Schönemann (1974) による τ 指標を用いる．これは，伸縮，直交回転と平行移動の下で不変な指標で，2つの空間配置の相違度を表す．ここでは便宜上，一致度を測る指標として，$\alpha = 1 - \tau$ を使う．$0 \leq \alpha \leq 1$ であり，値が大きいほど一致度が大きい．

この計算法を簡単に説明しよう．$\boldsymbol{H}$ を (2.44) で定義した行列とし，$\boldsymbol{A}'\boldsymbol{H}\boldsymbol{B}$ の特異値分解 (singular value decomposition) を行う．

$$\boldsymbol{A}'\boldsymbol{H}\boldsymbol{B} = \boldsymbol{U}\boldsymbol{\Lambda}\boldsymbol{V}' \tag{4.76}$$

ここで $\boldsymbol{\Lambda}$ は特異値を対角要素とする対角行列である．$\boldsymbol{T} = \boldsymbol{U}\boldsymbol{V}$ とおくと，指標 α は次式で定義される．

$$\alpha(\boldsymbol{A}, \boldsymbol{B}) = \frac{(\mathrm{tr}(\boldsymbol{T}'\boldsymbol{A}'\boldsymbol{H}\boldsymbol{B}))^2}{\mathrm{tr}(\boldsymbol{A}'\boldsymbol{H}\boldsymbol{A}) \cdot \mathrm{tr}(\boldsymbol{B}'\boldsymbol{H}\boldsymbol{B})} \tag{4.77}$$

第二に跡相関係数 β を用いる．β は，α よりも緩やかな基準で2つの空間配置の一致度を表し，アフィン変換の下で不変な指標である．$\boldsymbol{A}$ と $\boldsymbol{B}$ の正準相関係数を ρ_i $(i = 1, 2, \ldots, r)$ とすると，

$$\beta(\boldsymbol{A}, \boldsymbol{B}) = \left(\frac{1}{r}\sum_{i=1}^{r} \rho_i^2\right)^{\frac{1}{2}} \tag{4.78}$$

である.$0 \leq \beta \leq 1$ であり,値が大きいほど一致度が大きい.

例として,果物の空間配置の総合的な比較を説明しよう.表 2.5 の果物の非類似性データを非計量的 MDS 手法で解析し,2 次元の空間配置を導出した.それを Z と記し図 4.10 に示す.同じデータから,計量的 MDS によって導出した空間配置（X とする）は図 2.9 に,準計量的 MDS によって導出した空間配置（Y とする）は図 3.2 にすでに示した.

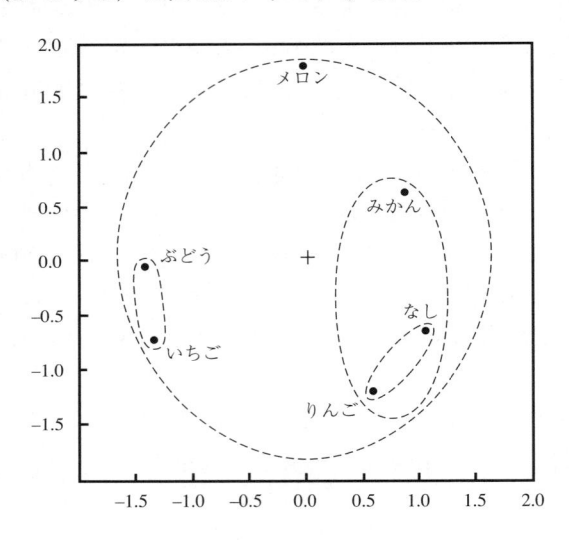

図 4.10 果物の空間配置（非計量的方法）

表 4.4 空間配置の一致度

$\beta \backslash \alpha$	X	Y	Z
X	–	0.946	0.882
Y	0.978	–	0.836
Z	0.918	0.841	–

空間配置 X,Y,Z について,点の相対的な位置関係を見る限り,三者は非常に似ている.しかしこれは主観的な印象であり,客観的に検討する必要がある.

空間配置の一致度を，2つの指標 α，β によって表 4.4 に示す．行列の上側三角部分は一致度 α の値，下側三角部分は跡相関係数 β の値である．表 4.4 の α 値によれば，直交回転と平行移動の下で X と Y 間の一致度が最大であるが，3つの空間配置の一致度は大きいことがわかる．また β 値によれば，アフィン変換の下での一致度にも同様の傾向が認められる．以上の検討から，X，Y，Z に関して共通の知見を得る．すなわち6種の果物に関する非類似性判断は，価格と繋果性(しょうか)を潜在次元としているとみなしてよいであろう．

4.5.3 設　問

1) 「準計量的 MDS と非計量的 MDS はいずれも，入力データが類似性でも非類似性でも同じ結果を与える」と表現しても間違いではない．その表現を正確に記述せよ．

2) 一群の対象について，非類似性を順序尺度で観測したデータ行列がいくつかあり，$S_1, S_2, \ldots, S_k$ とする．この k セットの情報を平均化して，非計量的 MDS を適用し，空間配置を導出したい．どうすればよいか．

3) 4.4.2 項における公理系 A1) から A6) を，経験的操作によって検証できるかどうか考察せよ．

4) (4.77) において $\alpha(A, B) = \alpha(B, A)$ であり，(4.78) において $\beta(A, B) = \beta(B, A)$ であることを確かめよ．

第5章

階層的クラスター分析法

5.1 はじめに

　本章では,「階層的」という制約の下でクラスターを求める階層的クラスター分析法 (hierarchical clustering method) について説明する.

　ここでは, クラスター分析法の説明のための準備として, 用語を定義し, クラスター分析法におけるいくつかの概念について説明する. まず, 本書で用いる記号を定義する. I番目のクラスターをC_Iで表し, p番目の対象がC_Iに属することを$p \in C_I$で表す. また, n_IをC_Iに属する対象の個数とし, C_IとC_Jの間の非類似性 (dissimilarity, 以下で定義) をd_{IJ}で表し, 対象pと対象qとの非類似性をd_{pq} (第1章で定義) で表す.

　クラスター分析で扱うデータは関連性データ (表1.8参照) の場合と多変量データ (表1.9参照) の場合がある. 後者の場合, 用いる対象間非類似性により, クラスタリング結果が異なることを注意しておく.

　なお, 本書で扱うクラスター分析法では, 既述の簡略化のために, 与えられたデータにタイ (同じ値) が存在しないことを仮定する. また, 解析途中において, 対象間およびクラスター間非類似性にタイは存在しないことを仮定しておく.

5.1.1 クラスター構造

ここでは，クラスリング結果の表現に利用されるいくつかの数学概念を紹介する．クラスター構造 (cluster structure) を表す方法は多様であり，すべてを紹介することは難しいので，代表的なもののみを紹介する．

a) 部分集合

集合 A が集合 B の部分集合 (subset) であるとは，「要素 p が A に属するならば B にも属する」が成り立つことである．このとき，$A \subset B$ で表される．対象を要素，クラスターを集合と考えることにより，部分集合を利用して対象のさまざまな状態のクラスタリング結果を表現することができる．たとえば，図 5.1 のベン図を見ると，対象全体の集合 C には，クラスター C_I とクラスター C_J が存在し，$C_I \cap C_J \neq \phi$ なので，両方のクラスターに属する対象が存在することを表している．また，$(C_I \cup C_J)^c \neq \phi$ なので，C_I，C_J のいずれにも属さない対象が存在することも表している．

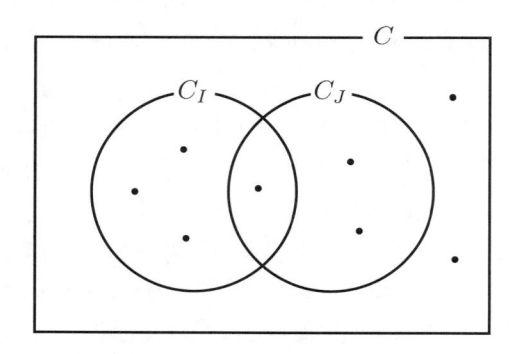

図 5.1 部分集合 C_I と C_J による分類結果の表示

b) 分割

集合 C_I $(I = 1, 2, \ldots, K)$ を集合 C の空でない部分集合とする．集合 C のすべての要素（対象）が C_I のいずれか 1 つに属し，C_I が以下の条件を満た

すとき，集合 $S = \{C_1, C_2, \ldots, C_K\}$ を集合 C の分割 (partition) という．

$$C = \bigcup_{I=1}^{K} C_I, \quad C_I \cap C_J = \phi \quad (I \neq J) \tag{5.1}$$

図 5.2 は，対象が必ず C_I $(I = 1, 2 \ldots, K)$ のいずれかに属することを表している．

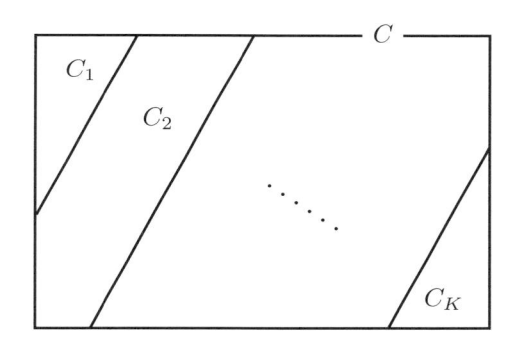

図 5.2 分割 S による分類結果の表示

c) 階層構造

集合 C の M 通りの分割を S_L $(L = 1, \ldots, M)$ で表す．分割の集合 $H = \{S_1, S_2, \ldots, S_M\}$ が以下の条件を満たすとき，H を C の階層構造 (hierarchical structure) とよぶ．

1) $S_1 = \{\{i\} | \, i \in C\}$
2) $S_M = C$
3) 任意の $C_I \in S_L$ に対して $C_J \in S_{L+1}$ が存在して，$C_I \subset C_J$ が成り立つ．

S_1 は，対象一つひとつをそれぞれ 1 つのクラスターと考えた分割であり，S_M は，すべての対象を含む 1 つのクラスターからなる分割である．これは，階層構造が分割の列であり，要素の個数が多い分割から，順に要素の個数が減

り，最終的には要素の個数が1つの分割となることを表している．図5.3は，$S_1 = \{\{1\}, \{2\}, \ldots, \{9\}\}$，$S_{M-1} = \{\{1, 2, \ldots, 8\}, \{9\}\}$，$S_M = \{1, 2, \ldots, 9\}$ となる階層構造のうちのある1つの場合を表している．途中の階層にはいろいろな場合が考えられ，この図のみからでは特定することはできない．たとえば，S_2 の候補としては，$\{\{1, 2\}, \{3\}, \ldots, \{9\}\}$，$\{\{1\}, \{2\}, \{3\}, \{4, 5\}, \{6\}, \ldots, \{9\}\}$，$\{\{1\}, \ldots, \{5\}, \{6, 7\}, \{8\}, \{9\}\}$ がある．また，結合の回数も与えられていない場合は M を特定することもできないことに注意しておく．

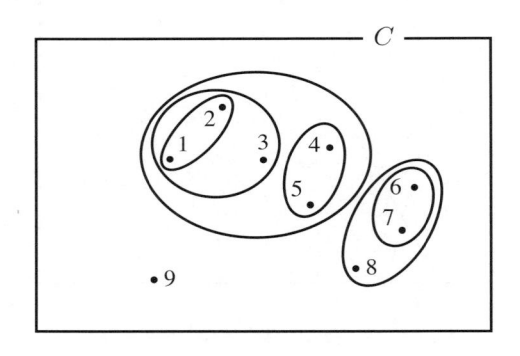

図 5.3 階層構造 H による分類結果の表示

階層構造で表現されているクラスターの間に，第1章で述べた超距離 (ultrametric) が定義されるとき，それらのクラスターを樹形図（デンドログラム）とよばれる二分木で表現することができる．デンドログラムを用いれば，階層構造を完全に表現することができる．図5.4において，S_1, S_{M-1}, S_M は図5.3の場合と同じであり，さらに，$S_2 = \{\{1\}, \ldots, \{5\}, \{6, 7\}, \{8\}, \{9\}\}$，$S_3 = \{\{1, 2\}, \{3\}, \{4\}, \{5\}, \{6, 7\}, \{8\}, \{9\}\}, \ldots, S_7 = \{\{1, 2, \ldots, 5\}, \{6, 7, 8\}, \{9\}\}$，$S_8 = S_{M-1}$，$S_9 = S_M$ と特定することができる．すなわち，図5.4は図5.3で表現される複数の分割のうちの1つをクラスター間の非類似性（5.2.1項参照）の情報と合わせて表現している．

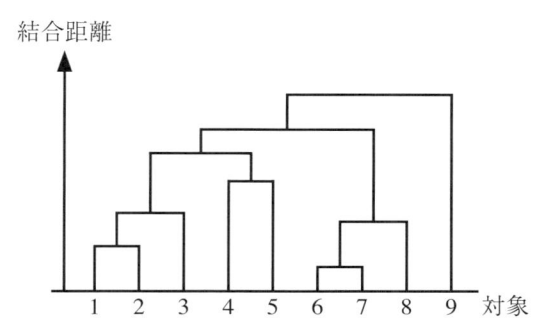

図 5.4 デンドログラムによる分類結果の表示

d) グラフ

クラスターの視覚的表現方法にグラフ (graph) を用いるものがある．グラフとは，節点 (node) とよばれる点の集合とそれらを結ぶ辺 (edge) とよばれる線分の集合からなる．対象を節点で表し，同じクラスターに属する対象を辺で結ぶことにより，クラスタリング結果を表すことができる．図 5.5 は，$C_1 = \{1, 2, 5, 6\}$，$C_2 = \{3, 4, 7\}$ の 2 つのクラスターを表すとともに，各対象間の関係 (6.5.1 項参照) も表している．たとえば，1, 2, 6 は同じクラスターに属する対象であるが，対象 1 と対象 2 の間には関係があり，対象 1 と対象 6 の間には関係がない．グラフについての詳細は 5.3.1 項を参照されたい．

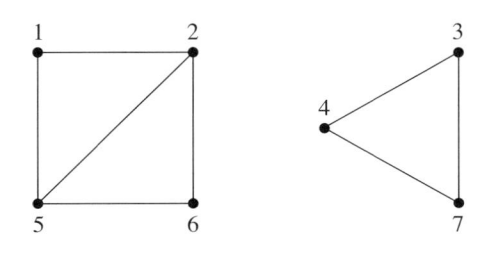

図 5.5 グラフによる分類結果の表示

5.1.2 クラスタリング法のアルゴリズム

ここでは，クラスタリング法をアルゴリズム (algorithm) の面で分類する．アルゴリズムの定義の準備として，まず，いくつか記号を定義する．D を受け入れ可能なクラスタリング結果全体の集合とし，x をその要素，つまり，1つのクラスタリング結果とする．このとき，最適化関数 (optimization function) $f(x)$ を最大化する x を最適な結果とする．一般に D の要素の個数は膨大なので，D のすべての要素に対して関数 f を評価して，最適な結果を求めることは現実的ではない．当然ながら，可能な結果全体の集合は D を含み（図 5.6 参照），その個数は既述のとおりである（1.8.2 項参照）．そこで，以下のようなアルゴリズムを用いて，受け入れ可能なクラスタリング結果の中で最適な結果 x^* を求めることを考える．

I. 局所探索法

局所探索法 (local search algorithm) では，すべての可能性の中で（大域的に）最適なものを見つけることは困難なので，何らかの制限下で（局所的に）最適なものを見つけることを考える．ここでの制限は，可能性の範囲を x の近く $N(x)$ に限ることである．このことにより，評価すべき結果の数が減るので，その制限下においては最適なものを見つけることができる（図 5.6 参照）．

局所探索法では，以下の仮定を前提としている．

1) D の部分集合 $N(x)$ に対して，$x \in D$ ならば $x \in N(x)$ である．
2) $f(x)$ はすべての $N(x)$ の要素について容易に最大化できる．

この $N(x)$ は x の近傍系 (neighborhood system) とよばれる．

アルゴリズム

Step 1： $x_0\ (\in D)$ を適当な初期クラスタリングの結果とする．

Step 2： $N(x_0)$ に属する要素の中で f を最大化する x_1 を探す．

Step 3： $x_1 \neq x_0$ ならば，$N(x_1)$ に属する要素の中で f を最大化する x_2 を探す．

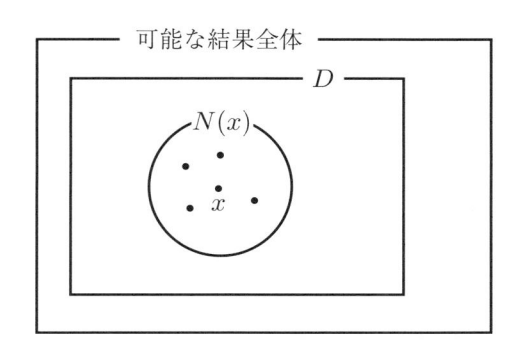

図 5.6 局所探索法

Step 4：Step 3 を繰り返して $x_3, x_4, \ldots$ を探していき，x_t が x_{t-1} に等しいか十分に近ければ，x_t を最適な結果として採用する．ここで，x_t は $N(x_{t-1})$ に属する結果の中で f を最大化する結果である．

明らかに，$f(x_0) \leq f(x_1) \leq \cdots \leq f(x_t)$ であること，およびアルゴリズムが停止することに注意しておく．

以上は，局所探索法に分類される方法の一般的な考え方であるが，実際にクラスタリング法として用いるには，近傍系 $N(x)$，最適化関数 $f(x)$ を具体的に定める必要がある．以下に具体的な手法を紹介する．

a) 凝集型最適化法

局所探索法の重要な例として，凝集型最適化法 (agglomerative optimization) を説明する．分類すべき対象の個数を n 個とする．受け入れ可能な分類結果の全体集合を D として，対象全体の集合 C の分割 S_L $(L = 1, \ldots, M)$ 全体の集合を考える．つまり，$D = \{S_1, S_2, \ldots, S_M\}$ とする．また，分割 S_L に属するクラスター C_I と C_J を結合してできた分割全体 $S_L(I, J)$ $(I, J = 1, 2, \ldots, n_{S_L})$ を近傍系 $N(S_L)$ と考える．$N(S_L)$ の個数は，分割 S_L に属する n_{S_L} 個のクラスターから 2 個のクラスターを選択する組合せの個数 $\binom{n_{S_L}}{2}$ となる．ここで，記号 ( ) は二項係数を表す．

アルゴリズム

Step 1： 初期分割を，1つの対象を1つのクラスターとみなした n 個のクラスターの集合とする．

Step 2： 与えられた分割 S_L に対して，クラスタリング基準 $\Delta(T,U) = f(S_L(T,U)) - f(S_L)$ が最大となるクラスター C_T と C_U を結合し，新たな分割を作る．このとき，分割に属するクラスターの数が1つ減ることに注意する．

Step 3： 分割に属するクラスターの個数があらかじめ定められた数（通常は 1）になるまで Step 2 を繰り返す．

上記のアルゴリズムは最適化関数 f の選択によって，さまざまな手法を定義する．このアルゴリズムを用いると，属するクラスターの個数が n 個の分割から始まり，順次，1つずつクラスターの個数を減らし，最終的には属するクラスターの個数が1個の分割が生成される．どの段階（分割）をクラスタリング結果とするかについては 5.4 節を，具体的なアルゴリズムの例については 5.2.1 項の Ward 法を参照されたい．

b) 山登り法

局所探索法の中でよく用いられるものの1つに山登り法 (hill climbing algorithm) がある．山登り法では，最適化関数 $f(x)$ が最も大きく増加する方向 $g(x)$ を用いて定義される．

アルゴリズム

Step 1： 初期クラスタリング結果 x_0 を，受け入れ可能な結果の集合 D から適当に選択する．

Step 2： 再帰式 $x_{t+1} = \alpha g(x_t) + (1-\alpha)x_t$ によって x を更新する．ここで，α は小さな正の数である．

Step 3： 停止条件が満たされるまで Step 2 を繰り返す．

停止条件は，$f(x)$ の値の変化が指定した基準値より小さくなることや，指定した反復回数を超えることなどである．α の大きさにより，収束の速さが

異なるのはいうまでもない．

山登り法は他の分野でもよく利用される最適化法であり，解説書も多い．詳細についてはそちらを参照されたい．

II. 交互最適化法

交互最適化法 (alternating optimization) は局所探索法の特別な場合であり，以下を前提としている．

1) あるクラスタリング結果 x が $x = (y, z, \ldots)$ のように 2 つのあるいは多くの部分に分けられる．
2) 最適化関数 $f(x) = f(y, z, \ldots)$ は，$y, z, \ldots$ の一部が変動し，その他の部分が固定されているとき，容易に最適化できる．

a) 交互最小化法

ここでは簡単のため，x が 2 つの部分 y, z に分けられる場合について述べる．

アルゴリズム

Step 1： 初期クラスタリング結果 $x_0 = (y_0, z_0)$ を適当に選択する．

Step 2： z_t を固定し，$f(y, z_t)$ を最小化する y を y_{t+1} とする．

Step 3： y_{t+1} を固定し，$f(y_{t+1}, z)$ を最小化する z を z_{t+1} とする．

Step 4： t について停止条件が満たされるまで Step 2, 3 を繰り返す．

このアルゴリズムも最適化関数 f の選択によりさまざまに定義することができるが，収束するかどうかは f に依存する．

b) 交互 2 乗誤差法

交互 2 乗誤差法 (alternating square error algorithm) では，受け入れ可能な分類結果の全体集合 D として，対象全体の集合 C の分割 S_L ($L = 1, 2, \ldots, M$) 全体の集合を考える．つまり，$D = \{S_1, S_2, \ldots, S_M\}$ とする．このとき，クラスタリング基準が次式で表される場合の分割アルゴリズムを考える．

$$f(S_L, \boldsymbol{c}) = \sum_{A=1}^{K} \sum_{I \in C_A} |\boldsymbol{w}_{Ai} - \boldsymbol{c}_A|^2 \qquad (5.2)$$

ここで，$\boldsymbol{w}_{Ai}$ はクラスター C_A に属する対象 i の観測ベクトルであり，$\boldsymbol{c}_A$ はクラスター中心ベクトル（通常は平均ベクトル）である．

ここで，上述のアルゴリズムと異なるのは，観測値ベクトルが与えられている必要があることである．つまり，直接観測された非類似性データに適用することはできないことである．さらに，分割 S_L とクラスター中心 $\boldsymbol{c}$ の2つが変化すること，および分割の数（クラスター数）K が固定されていることである．

アルゴリズム

Step 1： k 個のクラスター中心の初期付置 $\boldsymbol{c}_0$ を適当に選択する．

Step 2： 与えられた $\boldsymbol{c}_T$ に対し，$f(S, \boldsymbol{c}_T)$ を最小化する S を S_T とする．このとき，各対象はユークリッドの2乗距離の意味で最も近いクラスター中心 $\boldsymbol{c}_T$ をもつクラスターに属することになる．

Step 3： S_T を固定し，$f(S_T, \boldsymbol{c})$ を最小化する $\boldsymbol{c}$ を $\boldsymbol{c}_{T+1}$ とする．このとき，$\boldsymbol{c}_{T+1}$ は Step 2 で求められたクラスターそれぞれの重心となる．

Step 4： T について分割が安定するまで Step 2，3 を繰り返す．

次章で解説する k-means 法は，このアルゴリズムに基づき定義されている．

5.2 階層的クラスタリング法

この節では，階層的クラスタリング法 (hierarchical clustering methods) について詳しく解説する．この手法は凝集型と分割型の2つに大別できるが，ここでは一般的に使われる凝集型の手法を取り上げる．凝集型階層的クラスター分析法 (agglomerative hierarchical clustering methods) は，考え方が非常にわかりやすく，数多くあるクラスター分析の手法の中で最もよく用いられるものである．

この手法は，第1章で述べた基礎概念でいえば，階層，凝集，非重複な手法に分類され，クラスター構造でいえば，超距離の構造をもつ階層構造であ

り，アルゴリズムとしては局所探索法に分類される．このように，前述のさまざまな概念を利用することにより，手法を特徴づけることができる．

5.2.1 アルゴリズムとクラスター間の非類似性

ここでは，第 1 章で説明した対象間の非類似性 d_{pq} を用い，クラスター間の非類似性を定義する．以下，クラスター C_T と C_K の間の非類似性をクラスター間距離とよび d_{TK} で表す．クラスター間距離は，必ずしも距離の公理を満たさないことに注意しておく．ここで扱う凝集型階層的クラスタリング法では，クラスター間距離を決定することはクラスタリング法を決定することに他ならない．まず，一般のクラスター間距離に対して，アルゴリズムを定義し，その後，個別のクラスター間距離の定義を与える．

アルゴリズム

Step 1：すべてのクラスターの組に対して，クラスター間距離を求める．

Step 2：クラスター間距離が最小なクラスターの組を結合し，新たなクラスターを作成する．

Step 3：新たなクラスターとその他のクラスター間の距離（更新距離）を求める．

Step 4：クラスター数があらかじめ決められた数（通常は 1）になるまで Step 2，3 を繰り返す．

クラスター間距離の定め方にはさまざまなものがあり，用いるクラスター間距離 d_{TK} によって手法が定義されている．以下に一般的によく用いられるクラスタリング法を定義する．以下では，5.1 節で述べたように，d_{TK} にタイが存在しないと仮定する．

a) 最短距離法

クラスター間距離 d_{TK} が以下のように定義されるとき，この手法を最短距離法という．最短距離法は，最近隣法 (nearest neighbor algorithm) や単連結法 (single linkage algorithm) とよばれることもある．

$$d_{TK} = \min_{p \in C_T, q \in C_K} d_{pq} \tag{5.3}$$

この手法は，クラスター間距離として，異なるクラスターに属する対象間の非類似性の中で，最も近い対象間非類似性を選択するものである（図 5.7 参照）．

b) 最長距離法

クラスター間距離 d_{TK} が以下のように定義されるとき，この手法を最長距離法という．最長距離法は，最遠隣法 (farest neighbor algorithm) や完全連結法 (complete linkage algorithm) とよばれることもある．

$$d_{TK} = \max_{p \in C_T, q \in C_K} d_{pq} \tag{5.4}$$

この手法は，クラスター間距離として，異なるクラスターに属する対象間の非類似性の中で，最も遠い対象間非類似性を選択するものである（図 5.7 参照）．

なお，最短距離法と最長距離法は，データの単調変換に不変な結果を与える．すなわち，順序データ（非計量データ）に適用可能である．また，原データが超距離の性質を満たせば，これら 2 つの手法による解析結果の階層構造は一致する．

c) 群平均法

クラスター間距離 d_{TK} が以下のように定義されるとき，この手法を群平均法 (group average algorithm) という．群平均法は，平均連結法 (average linkage algorithm) とよばれることもある．

$$d_{TK} = \frac{1}{n_T n_K} \sum_{p \in C_T, q \in C_K} d_{pq} \tag{5.5}$$

ここで，n_T, n_K はそれぞれ C_T, C_K に含まれる対象の個数である．

この手法は，クラスター間距離として異なるクラスターに属するすべての対象間非類似性の平均を選択するものである（図 5.8 参照）．Anderberg (1973) はこの他にも

5.2 階層的クラスタリング法

$$d_{TK} = \frac{2}{(n_T + n_K)(n_T + n_K - 1)} \sum_{p,q \in C_T \cup C_K} d_{pq} \quad (5.6)$$

をクラスター間距離とする方法も合わせて提案している．この場合は，異なるクラスターに属する対象間だけではなく，2つのクラスターに属するすべての対象間非類似性の平均をクラスター間距離と考える（図5.9参照）．現在では，(5.5) による定義を群間平均法とよび，(5.6) による定義を群内平均法とよぶこともある．しかし，通常は前者を群平均法として用い，後者を用いることは少ない．

上述の3つの手法は，多変量データ（表1.9参照）の場合にも，関連性データ（表1.8参照）の場合にも利用することができる．一方，以下の2つの手法では，量的な多変量データを前提としている．つまり，原データが関連性データの場合は適用できない．

d) 重心法

クラスター間距離 d_{TK} が以下のように定義されるとき，この手法を重心法 (centroid algorithm) という．

$$d_{TK} = d_{\overline{p}\,\overline{q}} \quad (5.7)$$

ここで

$$\overline{p} = \frac{1}{n_T} \sum_{p \in C_T} p, \quad \overline{q} = \frac{1}{n_K} \sum_{q \in C_K} q \quad (5.8)$$

ただし，n_T, n_K はそれぞれ C_T, C_K に含まれる対象の個数である．

この手法は，クラスター間距離として，それぞれのクラスターに属する対象の重心間の非類似性を選択するものである（図5.6参照）．ここでは，$\overline{p}$, $\overline{q}$ を対象と同一視していることに注意する．以下，重心法，Ward 法についてはこの表記を用いることにする．

e) Ward 法

クラスター間距離 d_{TK} が以下のように定義されるとき，この手法を Ward 法 (Ward algorithm) という．

$$d_{TK} = \frac{n_T n_K}{n_T + n_K} d_{\overline{p}\,\overline{q}} \tag{5.9}$$

ここで

$$\overline{p} = \frac{1}{n_T} \sum_{p \in C_T} p, \quad \overline{q} = \frac{1}{n_K} \sum_{q \in C_K} q \tag{5.10}$$

ただし，n_T, n_K はそれぞれ C_T, C_K に含まれる対象の個数である．

この手法も，クラスター間距離としてそれぞれのクラスターに属する対象の重心間の重みつきの非類似性を選択するものである（図 5.7 参照）．

Ward 法は，局所探索法に分類される凝集型最適化法（5.1.2 項参照）として提案された (Ward, 1963). Ward は n_S 個のクラスターからなる分割を S, 最適化関数 f として，2 乗誤差基準 (square error criterion)，すなわち，

$$f(S) = \sum_{A=1}^{n_S} g(C_A) \tag{5.11}$$

を用いている．ここで，

$$g(C_A) = \sum_{i \in C_A} |\boldsymbol{w}_{Ai} - \overline{\boldsymbol{w}}_A|^2 \tag{5.12}$$

である．また，$\boldsymbol{w}_{Ai}$ はクラスター C_A に属する対象 i の観測ベクトルであり，$\overline{\boldsymbol{w}}_A$ はその平均ベクトルである．この最適化関数に基づき，クラスタリング基準を計算すると

$$\Delta(T, K) = f(S(T, K)) - f(S) \tag{5.13}$$
$$= \frac{n_T n_K}{n_T + n_K} |\overline{\boldsymbol{w}}_T - \overline{\boldsymbol{w}}_K|^2 \tag{5.14}$$

となる．ここで，n_T, n_K はそれぞれクラスター C_T, C_K に属する対象の個数である．これは (5.14) が (5.9) に他ならないことを示している．

現在，Ward 法は Lance and Williams (1967) によって定式化された，凝集型階層的クラスタリング法（5.2.2 項参照）の 1 つとして位置づけられている．

5.2 階層的クラスタリング法

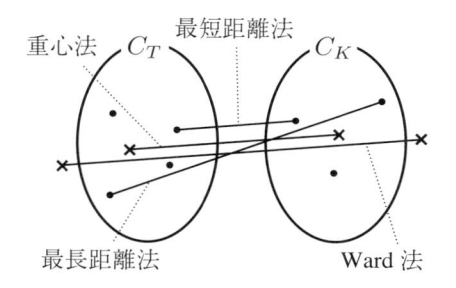

図 5.7 最短距離法，最長距離法，重心法，Ward 法

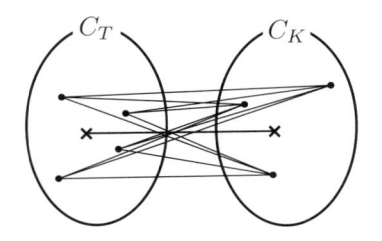

図 5.8 群間平均法

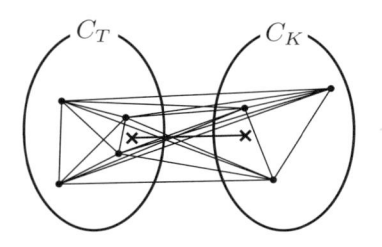

図 5.9 群内平均法

図 5.7 は，4 つの対象からなるクラスター C_T と 3 つの対象からなるクラスター C_K の間のいくつかのクラスター間距離とクラスタリング法の対応を表している．最短の対象間非類似性を利用するものが最短距離法であり，最長の対象間非類似性を利用するものが最長距離法である．つまり，これら 2

つの手法ではクラスター間距離がいずれかの対象間非類似性と一致する．一方，重心法や Ward 法では対象の重心を利用するのでクラスター間距離が対象間非類似性と一致しないことが普通である．図 5.8 は，群間平均法のクラスター間距離とその際利用する対象間非類似性を表しており，図 5.9 は，群内平均法のクラスター間距離とその際利用する対象間非類似性を表している．一般に，後者のほうがより短い対象間非類似性を利用するので，クラスター間距離は後者より前者のほうが長くなる．

5.2.2 更新式によるアルゴリズムの表現

提案された当初，既述の凝集型階層的クラスタリング法はクラスター間距離の違いによって個別に定義されていたが，1967 年に Lance and Williams によって，これらを統一的に扱う方法が提案された．現在では，その定義に従って，これらの手法が用いられている（以下，LW 法と略）．

Lance and Williams (1967) は，凝集型階層的クラスタリング法の本質的な違いは，アルゴリズムにおける Step 3 の新たなクラスター $C_{I\cup J}$ とその他のクラスター C_K の間の距離の定め方（距離の更新）であることに着目した．彼らは，新たに計算されるクラスター間距離 $d_{(IJ)K}$ が，その段階で結合した 2 つのクラスターそれぞれとその他のクラスターとの距離 (d_{IK}, d_{JK})，およびその 2 つのクラスター間の距離 d_{IJ} によって計算できることを示した．

以下，$d_{(IJ)K}$ は更新距離 (updating distance) を表す．C_I と C_J が結合し C_T が形成されたとする．このときの更新距離をクラスター間結合距離とよび，h_{IJ} または h_T で記す．いずれの表現を用いるかは文脈による．また，対象 $i\,(\in C_I)$ と対象 $j\,(\in C_J)$ の対象間結合距離 h_{ij} を C_I と C_J のクラスター間結合距離 h_{IJ} で定める．すなわち

$$h_{ij} = h_{IJ} \quad (i \in C_I, j \in C_J) \tag{5.15}$$

とする．このとき，h_{IJ}，h_{ij} は超距離（1.4 節参照）であり，すなわちメトリックであることに注意しておく．

ここでは LW 法を定義し，既述の 5 つの手法が LW 法に含まれることを示す．

LW 法

C_I と C_J が結合し $C_{I\cup J}$ をつくるとき,更新距離 $d_{(IJ)K}$ が以下の更新式で表されるような凝集型階層的クラスタリング法を LW 法という.

$$d_{(IJ)K} = \alpha_I d_{IK} + \alpha_J d_{JK} + \beta d_{IJ} + \gamma |d_{IK} - d_{JK}| \quad (5.16)$$

ここでパラメータ α_I, α_J, β, γ は,定数またはクラスターに属する対象の個数などの関数である.

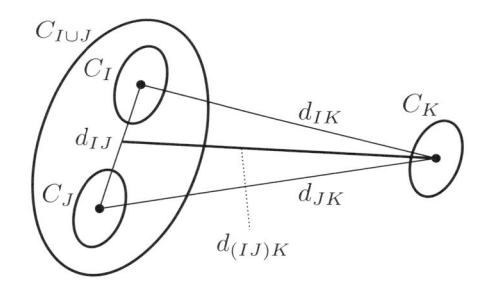

図 5.10 クラスター間距離と更新距離(LW 法)

LW 法は,前段階の結合までに決定されたクラスター間距離と,解析前に与えられる 4 つのパラメータにのみ依存するので,アルゴリズムやそのクラスタリング過程がわかりやすいという長所をもっている.図 5.10 は,LW 法で利用するクラスター間距離の関係を表している.

次に,既述の最短距離法,最長距離法,群平均法,重心法,Ward 法が LW 法に含まれることを示し,各手法に対応するパラメータを与える.

C_I と C_J が結合し $C_{I\cup J}$ を作るとする.このとき $C_{I\cup J}$ と他の任意の C_K との更新距離を考える.ここで,一般性を失うことなく $d_{IJ} \leq d_{IK} < d_{JK}$ を仮定する.

最短距離法は,その更新距離の定義より

$$\begin{aligned} d_{(IJ)K} &= \min_{p \in C_{I\cup J}, q \in C_K} d_{pq} \\ &= \min \left\{ \min_{p \in C_I, q \in C_K} d_{pq}, \min_{p \in C_J, q \in C_K} d_{pq} \right\} \end{aligned}$$

$$= \min\{d_{IK}, d_{JK}\}$$
$$= d_{IK}$$
$$= \frac{1}{2}d_{IK} + \frac{1}{2}d_{JK} - \frac{1}{2}|d_{IK} - d_{JK}|$$

となる．よって最短距離法は，LW 法において

$$\alpha_I = \frac{1}{2}, \quad \alpha_J = \frac{1}{2}, \quad \beta = 0, \quad \gamma = -\frac{1}{2} \tag{5.17}$$

としたものである．

最長距離法は，その更新距離の定義より

$$\begin{aligned}
d_{(IJ)K} &= \max_{p \in C_{I \cup J}, q \in C_K} d_{pq} \\
&= \max\left\{\max_{p \in C_I, q \in C_K} d_{pq}, \max_{p \in C_J, q \in C_K} d_{pq}\right\} \\
&= \max\{d_{IK}, d_{JK}\} \\
&= d_{JK} \\
&= \frac{1}{2}d_{IK} + \frac{1}{2}d_{JK} + \frac{1}{2}|d_{IK} - d_{JK}|
\end{aligned}$$

となる．よって最長距離法は，LW 法において

$$\alpha_I = \frac{1}{2}, \quad \alpha_J = \frac{1}{2}, \quad \beta = 0, \quad \gamma = \frac{1}{2} \tag{5.18}$$

としたものである．

群平均法は，その更新距離の定義より

$$\begin{aligned}
d_{(IJ)K} &= \frac{1}{(n_I + n_J)n_K} \sum_{p \in C_{I \cup J}, q \in C_K} d_{pq} \\
&= \frac{1}{(n_I + n_J)n_K} \left(\sum_{p \in C_I, q \in C_K} d_{pq} + \sum_{p \in C_J, q \in C_K} d_{pq}\right)
\end{aligned}$$

5.2 階層的クラスタリング法

$$\begin{aligned}
&= \frac{n_I}{n_I + n_J} \frac{1}{n_I n_K} \sum_{p \in C_I, q \in C_K} d_{pq} \\
&\quad + \frac{n_J}{n_I + n_J} \frac{1}{n_J n_K} \sum_{p \in C_J, q \in C_K} d_{pq} \\
&= \frac{n_I}{n_I + n_J} d_{IK} + \frac{n_J}{n_I + n_J} d_{JK}
\end{aligned}$$

となる．よって群平均法は，LW 法において

$$\alpha_I = \frac{n_I}{n_I + n_J}, \quad \alpha_J = \frac{n_J}{n_I + n_J}, \quad \beta = \gamma = 0 \tag{5.19}$$

としたものである．

重心法は，その更新距離の定義より

$$\begin{aligned}
d_{(IJ)K} &= d_{\left(\frac{n_I \overline{p} + n_J \overline{q}}{n_I + n_J}\right) \overline{r}} \\
&= \frac{n_I}{n_I + n_J} d_{\overline{p}\,\overline{r}} + \frac{n_J}{n_I + n_J} d_{\overline{q}\,\overline{r}} - \frac{n_I n_J}{(n_I + n_J)^2} d_{\overline{p}\,\overline{q}}
\end{aligned}$$

ここで

$$\overline{p} = \frac{1}{n_I} \sum_{p \in C_I} p, \quad \overline{q} = \frac{1}{n_J} \sum_{q \in C_J} q, \quad \overline{r} = \frac{1}{n_K} \sum_{r \in C_K} r$$

となる．よって重心法は，LW 法において

$$\alpha_I = \frac{n_I}{n_I + n_J}, \quad \alpha_J = \frac{n_J}{n_I + n_J}, \quad \beta = -\frac{n_I n_J}{(n_I + n_J)^2}, \quad \gamma = 0 \tag{5.20}$$

としたものである．

Ward 法は，その更新距離の定義より

$$\begin{aligned}
d_{(IJ)K} &= d_{\left(\frac{n_I \overline{p} + n_J \overline{q}}{n_I + n_J}\right) \overline{r}} \\
&= \frac{(n_I + n_J) n_K}{n_I + n_J + n_K} \left\{ \frac{n_I}{n_I + n_J} d_{\overline{p}\,\overline{r}} + \frac{n_J}{n_I + n_J} d_{\overline{q}\,\overline{r}} - \frac{n_I n_J}{(n_I + n_J)^2} d_{\overline{p}\,\overline{q}} \right\} \\
&= \frac{n_I + n_K}{n_I + n_J + n_K} \frac{n_I n_K}{n_I + n_K} d_{\overline{p}\,\overline{r}} + \frac{n_J + n_K}{n_I + n_J + n_K} \frac{n_J n_K}{n_J + n_K} d_{\overline{q}\,\overline{r}} \\
&\quad - \frac{n_K}{n_I + n_J + n_K} \frac{n_I n_J}{n_I + n_J} d_{\overline{p}\,\overline{q}} \\
&= \frac{n_I + n_K}{n_I + n_J + n_K} d_{IK} + \frac{n_J + n_K}{n_I + n_J + n_K} d_{JK} - \frac{n_K}{n_I + n_J + n_K} d_{IJ}
\end{aligned}$$

ここで

$$\overline{p} = \frac{1}{n_I} \sum_{p \in C_I} p, \quad \overline{q} = \frac{1}{n_J} \sum_{q \in C_J} q, \quad \overline{r} = \frac{1}{n_K} \sum_{r \in C_K} r$$

となる．よって Ward 法は，LW 法において

$$\alpha_I = \frac{n_I + n_K}{n_I + n_J + n_K}, \ \alpha_J = \frac{n_J + n_K}{n_I + n_J + n_K}, \ \beta = -\frac{n_K}{n_I + n_J + n_K}, \ \gamma = 0 \tag{5.21}$$

としたものである．

以下，本章で用いる更新距離はすべて，LW 法の更新式により定義されているものとする．

群平均法と重心法は，重みとして各結合の段階でクラスターに属する対象の個数 (n_I, n_J) を用いたが，この重みを等しいとする加重平均法やメジアン法も提案されている．

f) 加重平均法

群平均法の更新距離の定義式において，$n_I = n_J$ とする手法を加重平均法 (weighted average algorithm) という．これは (5.16) においてパラメータを

$$\alpha_I = \alpha_J = \frac{1}{2}, \quad \beta = \gamma = 0 \tag{5.22}$$

としたものである．

g) メジアン法

重心法の更新距離の定義式において，$n_I = n_J$ とする手法をメジアン法 (median algorithm) という．これは (5.16) においてパラメータを

$$\alpha_I = \alpha_J = \frac{1}{2}, \quad \beta = -\frac{1}{4}, \quad \gamma = 0 \tag{5.23}$$

としたものである．

Lance and Williams (1967) では，以上の手法に加えて，可変法とよばれる手法を定義している．

h) 可変法

LW 法の更新距離の定義式において，パラメータが次の 4 つの条件式を満たす手法を可変法 (flexible algorithm) という．

$$\alpha_I + \alpha_J + \beta = 1, \quad \alpha_I = \alpha_J, \quad \beta < 1, \quad \gamma = 0 \qquad (5.24)$$

可変法は他の手法と異なり，β を変動させる．実際に利用する際には，何らかの方法で β を定める．Lance and Williams (1967) は，経験則に基づき $\beta = -1/4$ の利用を推奨している．

以上の議論により，LW 法の更新距離における 4 つのパラメータ α_I, α_J, β, γ を変化させることにより，各手法の更新距離が得られることが示された．表 5.1 は各手法と LW 法のパラメータの関係を表している．群平均法，メジアン法，Ward 法は，クラスターに属する対象の個数に依存しており，可変法は，利用者によって決定されるパラメータ β に依存している．

表 5.1 凝集型階層的クラスタリング法の LW 法パラメータによる表示

手法	α_I	α_J	β	γ
最短距離法	$\dfrac{1}{2}$	$\dfrac{1}{2}$	0	$-\dfrac{1}{2}$
最長距離法	$\dfrac{1}{2}$	$\dfrac{1}{2}$	0	$\dfrac{1}{2}$
群平均法	$\dfrac{n_I}{n_I + n_J}$	$\dfrac{n_J}{n_I + n_J}$	0	0
加重平均法	$\dfrac{1}{2}$	$\dfrac{1}{2}$	0	0
重心法	$\dfrac{n_I}{n_I + n_J}$	$\dfrac{n_J}{n_I + n_J}$	$-\dfrac{n_I n_J}{(n_I + n_J)^2}$	0
メジアン法	$\dfrac{1}{2}$	$\dfrac{1}{2}$	$-\dfrac{1}{4}$	0
Ward 法	$\dfrac{n_I + n_K}{n_I + n_J + n_K}$	$\dfrac{n_J + n_K}{n_I + n_J + n_K}$	$-\dfrac{n_K}{n_I + n_J + n_K}$	0
可変法	$\dfrac{1-\beta}{2}$	$\dfrac{1-\beta}{2}$	$\beta(<1)$	0

5.2.3 更新式の拡張

ここでは，Jambu (1978) によってなされた LW 法の拡張について述べる．

JM 法

C_I と C_J が結合し $C_{I \cup J}$ をつくるとき，更新距離 $d_{(IJ)K}$ が以下の式で表されるような凝集型階層的クラスタリング法を JM 法という．

$$d_{(IJ)K} = \alpha_I d_{IK} + \alpha_J d_{JK} + \beta d_{IJ} + \gamma |d_{IK} - d_{JK}| + \delta_I h_I + \delta_J h_J + \varepsilon h_K \quad (5.25)$$

ここでパラメータ α_I, α_J, β, γ, δ_I, δ_J, ε は定数またはクラスターに属する対象の個数などの関数であり，h_I は C_I が形成された際の結合距離（デンドログラムにおける C_I の高さ）である．

以下で定義する 2 乗誤差法 (Jambu, 1978) や平均非類似性法 (Podani, 1989) は LW 法には含まれないが，JM 法には含まれる．当然ながら，LW 法に含まれる手法は，JM 法に含まれる．

a) 2 乗誤差法

JM 法の更新距離において，パラメータが次式で与えられる手法を 2 乗誤差法 (sum of square algorithm) という．

$$\alpha_I = \frac{n_I + n_K}{n_I + n_J + n_K}, \ \alpha_J = \frac{n_J + n_K}{n_I + n_J + n_K}, \ \beta = \frac{n_I + n_J}{n_I + n_J + n_K},$$
$$\gamma = 0, \quad (5.26)$$
$$\delta_I = \frac{-n_I}{n_I + n_J + n_K}, \ \delta_J = \frac{-n_J}{n_I + n_J + n_K}, \ \varepsilon = \frac{-n_K}{n_I + n_J + n_K}$$

b) 平均非類似性法

JM 法の更新距離において，パラメータが次式で与えられる手法を平均非類似性法 (mean dissimilarity algorithm) という．

$$\alpha_I = \frac{\binom{n_I+n_K}{2}}{\binom{n_I+n_J+n_K}{2}}, \ \alpha_J = \frac{\binom{n_J+n_K}{2}}{\binom{n_I+n_J+n_K}{2}}, \ \beta = \frac{\binom{n_I+n_J}{2}}{\binom{n_I+n_J+n_K}{2}},$$
$$\gamma = 0, \qquad\qquad\qquad\qquad\qquad\qquad\qquad\qquad\qquad (5.27)$$
$$\delta_I = -\frac{\binom{n_I}{2}}{\binom{n_I+n_J+n_K}{2}}, \ \delta_J = -\frac{\binom{n_J}{2}}{\binom{n_I+n_J+n_K}{2}}, \ \varepsilon = -\frac{\binom{n_K}{2}}{\binom{n_I+n_J+n_K}{2}}$$

ここで，記号 ( ) は二項係数を表す．

5.2.4 その他のクラスタリング法

a) 最長最短距離法

Hubert (1972) は最短距離法と最長距離法を折衷した階層的方法（最長最短距離法）を提案している．この方法ではクラスター間距離は，次式

$$d_{TK} = \max_{p \in C_T, q \in C_K} d_{pq} + \min_{p \in C_T, q \in C_K} d_{pq} \qquad (5.28)$$

によって定義される．

データ d_{ij} の変換 $\rho(d_{ij})$ を考える．変換 $\rho(d_{ij})$ が次の関係を満たすとき，超単調変換 (hypermonotone transformation) という．

$$d_{ij} - d_{k\ell} > d_{pq} - d_{rs} \Longrightarrow \rho(d_{ij}) - \rho(d_{k\ell}) > \rho(d_{pq}) - \rho(d_{rs}) \qquad (5.29)$$

これは，データの差の順序関係を保存する変換である．最長最短距離法は，データの超単調変換に対して不変な結果を与える．

実際にこの方法によるクラスタリング結果は，最短距離法や最長距離法による結果と比べて，極端な形状のデンドログラムにはならないことが多い．

b) 順序データのクラスタリング法

関連性データと種類は違うが，順序データに関して階層的クラスタリング法が提案されている (Saito, 1982)．m 個の対象を n 個体が順位づけたデータを $n \times m$ の行列 $\boldsymbol{R} = (r_{ij})$ と表す．この方法（SW 法）は，$\boldsymbol{R}$ が与えられたとき，順序づけが近い個体どうしを集めてクラスターを階層的に形成する方

法である．ここで順序づけの近さは均質性を意味し，Kendall (1962) の一致性係数 (coefficient of concordance) w を用いて測られる．n_I 個体からなるクラスター C_I の均質性を w_I とし，C_I と C_J を結合したクラスターの均質性を w_{IJ} と記す．SW 法による均質性の更新式は次式で表される．

$$w_{(IJ)K} = \frac{1}{(n_I + n_J + n_K)^2}((n_I + n_K)^2 w_{IK} + (n_J + n_K)^2 w_{JK} \\ + (n_I + n_J)^2 w_{IJ} - n_I^2 w_I - n_J^2 w_J - n_K^2 w_K) \quad (5.30)$$

この式は，(5.22) において，

$$\alpha_{IK} = \frac{(n_I + n_K)^2}{(n_I + n_J + n_K)^2}, \ \alpha_{JK} = \frac{(n_I + n_K)^2}{(n_I + n_J + n_K)^2}, \\ \beta_{IJ} = \frac{(n_I + n_J)^2}{(n_I + n_J + n_K)^2}, \ \gamma = 0, \quad (5.31) \\ \delta_I = -\frac{n_I^2}{(n_I + n_J + n_K)^2}, \ \delta_J = -\frac{n_J^2}{(n_I + n_J + n_K)^2}, \\ \varepsilon = -\frac{n_K^2}{(n_I + n_J + n_K)^2}$$

とおいたものに形式的に対応する．(5.30) における w_{IJ} は均質性であるが，(5.22) の d_{IJ} はクラスター間非類似性であることに注意する．

5.3 クラスタリング結果の表現

この節では，階層的クラスタリング法の結果の表現方法について述べる．最も一般的なものはデンドログラムとよばれる 2 分木 (binary tree) である．ここでいう「木」とはグラフ理論 (graph theory) の用語であり，木以外にもグラフ理論の概念がクラスタリング結果の表現と深くかかわっている．ここでは，グラフ理論におけるいくつかの概念を紹介し，それを用いてクラスタリング結果を表現することを考える．

5.3.1 グラフによる表現

節点 (node) とよばれる点の集合 V と，辺 (edge) とよばれる節点の非順序対 (unordered pair) の集合 E を用いて，グラフ G は $G = (V, E)$ で表される．

まず，いくつか用語を定義する．歩道 (walk) は，節点と辺が代わる代わる連続した系列である．歩道の中で同じ辺が 2 度以上出現しないものを小道 (trail) とよび，同じ点が 2 度以上出現しないものを道 (path) とよぶ．節点 v_0 から節点 v_m までの小道（道）で，$v_0 = v_m$ を満たすならば，その小道（道）は閉じているといい，少なくとも 1 つ以上の辺を含む閉じた小道（道）を回路 (circuit) とよぶ．回路ですべて点が異なるものを閉路 (cycle) とよぶ．

節点 v に接続している辺の数を v の次数 (degree) とよぶ．次数 0 の節点を孤立点 (isolated vertex)，次数 1 の節点を端点 (end vertex) とよぶ．

次に，グラフの連結性について考える．2 つのグラフ $G_1 = (V_1, E_1)$, $G_2 = (V_2, E_2)$ の和を

$$G_1 \cup G_2 = (V_1 \cup V_2, E_1 \cup E_2) \tag{5.32}$$

で定義する．

このとき，2 つのグラフの和で表現できないグラフは連結 (connected) であるといい，表現できるグラフを非連結 (disconnected) であるという．閉路を含まないグラフを林 (forest) とよび，連結な林を木 (tree) とよぶ．木の中の 1 つの節点を根 (root) と定めたものを根つき木 (rooted tree) とよぶ．

根以外の節点の次数が奇数であるような根つき木を用いることにより，階層的クラスタリング法の結果において，クラスター間結合距離の情報を除いた階層構造を表現することができる．図 5.11 は，根つき木によるクラスタリング結果の表現である．このとき，辺の長さには意味がなく，階層構造のみが意味をもつことに注意しておく．

各辺に非負実数値が割り当てられているグラフを重みつきグラフ (weighted graph) とよぶ．根つきの重みつきグラフにおいて，節点の間の辺に割り当てられた重みの合計が，それらの節点の表している対象間結合距離 (5.15) と対応するようにすれば，階層的クラスタリング法の結果を完全に表すことができる．この根つきの重みつきグラフがデンドログラムである．図 5.12 は，デンドログラムによるクラスタリング結果の表現である（6.1.1 項参照）．

グラフを用いて，クラスタリング結果を表現することにより，グラフ理論のさまざまな研究成果をクラスタリング結果の表現法や評価法として利用す

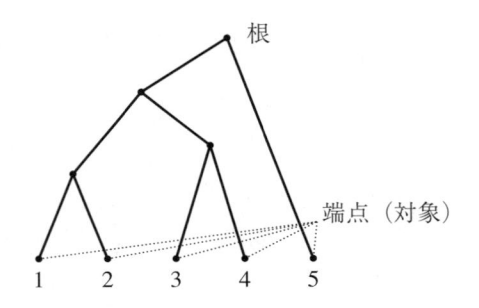

図 5.11 根つき木によるクラスタリング結果の表示

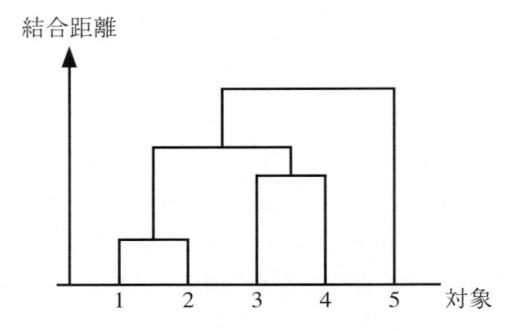

図 5.12 デンドログラムによるクラスタリング結果の表示

ることができる.詳細については,グラフ理論の専門書を参照されたい.

5.3.2 接続行列,距離行列による表現

前節で説明したグラフは行列によって表現できる.すなわち,クラスタリング結果は行列を用いて,次のように表現できる.

行列によるグラフの表現として,接続行列 (incidence matrix) がある.n 個の節点を含むグラフ G の接続行列は,

$$\boldsymbol{R} = (r_{ij}) \quad (i, j = 1, 2, \ldots, n) \tag{5.33}$$

ただし,

$$r_{ij} = \begin{cases} 1 & (\text{節点 } i \text{ と接点 } j \text{ を結ぶ辺がある}) \\ 0 & (\text{その他}) \end{cases} \quad (5.34)$$

によって定義される．

接続行列を用いれば，階層的クラスタリング法の結果における，各段階の結合（分割）を表現することができる．各段階の接続行列を利用すると，根つき木を構築することができる．なお，接続行列にはクラスター間距離の情報が含まれない．すなわち，接続行列からは根つきの重みつきグラフであるデンドログラムを生成できない．逆に，デンドログラムからは接続行列を生成することができる．

根つきの重みつきグラフの特別な場合であるデンドログラムにおいて，節点（対象）i と節点 j との間の辺に割り当てられた重みの合計，すなわち，対象間結合距離 (5.15) を (i,j) 成分にもつ行列を距離行列 (distance matrix) とよぶ．つまり，距離行列 $\boldsymbol{W}$ は

$$\boldsymbol{W} = (w_{ij}) \quad (i,j = 1, 2, \ldots, n) \quad (5.35)$$

で表される．ここで，w_{ij} は節点 i と節点 j を結ぶ辺に付与された重みの和である．クラスター分析では，この距離行列を Cophen 行列 (Cophenetic matrix) とよぶ．Cophen 行列はデンドログラムと完全に対応しており，一方から他方を生成することが可能である．

5.4　クラスター数の決定

階層的手法では，あらかじめクラスター数を定めない．本章で取り上げた凝集型階層的手法では，最初に，一つひとつの対象をクラスターと考え，順次結合してクラスターを形成し，最終的にはすべての対象が属する 1 つのクラスターになるまで結合を続ける．極端な言い方をすれば，すべての段階が解析結果であり，結合の過程すべて（デンドログラム全体）を解釈することができる．

実際にはある段階（分割）をクラスタリング結果として採用することになるが，どの段階にするのか，すなわち，クラスター数をいくつにするのかが

問題となる．最もよく用いられる方法は，結合距離が極端に変化する段階をクラスタリング結果として採用することである．そのようにして，採用された分割におけるクラスターおよびそれに属する対象を解釈し，何らかの知見をうる．

客観的な指標を用いてクラスター数を決定したい場合は，第 7 章で取り上げる評価法を利用することも考えられる (7.3 節参照)．また，統計的検定をクラスター数を決めるために利用する試みもある (Saito, 1980, 1988)．

最後に，クラスター分析法は発見的，探索的に用いるべきものであり，検証的に用いるべきものではないことを強調しておく．

5.5 クラスタリング法の性質

既述のように，凝集型階層的クラスタリング法は手法の総称であって，さまざまな手法を含む．手法によってさまざまな性質をもち，同じデータを解析しても，利用する手法によってクラスタリング結果は全く異なったものとなりうる．

この節では手法の性質として，空間のゆがみ，単調性および可約性に着目して，各手法の特徴づけをみていく．

5.5.1 空間のゆがみ

凝集型階層的クラスタリング法における空間のゆがみ (space distortion) の概念は Lance and Williams (1967) で提案され，その後，何人かの研究者により数学的に定式化された．ここでは LW 法における空間のゆがみの更新距離を用いた定義を紹介し，主な LW 法について空間のゆがみを考察する．さらに，空間のゆがみと LW 法のパラメータとの関係について述べる．

更新距離と空間のゆがみ

ここでは，Dubien and Warde (1979) による空間のゆがみについての定義を述べる．なお，より一般的であるが本質的には同等の定義が Chen and Van Ness (1996) によってなされている．

5.5 クラスタリング法の性質

手法と更新距離の関係からわかるように，手法の性質は更新距離の性質といっても過言ではない．図 5.8 で示しているように，更新距離 $d_{(IJ)K}$ は 3 つのクラスター間距離 d_{IJ}, d_{IK}, d_{JK} で定義されている．よって，更新距離の性質は，更新距離と 3 つのクラスター間距離との関係によって説明される．

a) 空間の縮小

LW 法の更新距離 $d_{(IJ)K}$ が，任意の d_{IJ}, d_{IK}, d_{JK} に対して

$$d_{(IJ)K} \leq \min\{d_{IK}, d_{JK}\} \tag{5.36}$$

を満たすとき，LW 法は空間を縮小する (space dilating) という．

b) 空間の拡大

LW 法の更新距離 $d_{(IJ)K}$ が，任意の d_{IJ}, d_{IK}, d_{JK} に対して

$$d_{(IJ)K} \geq \max\{d_{IK}, d_{JK}\} \tag{5.37}$$

を満たすとき，LW 法は空間を拡大する (space extracting) という．

c) 空間の保存

LW 法の更新距離 $d_{(IJ)K}$ が，任意の d_{IJ}, d_{IK}, d_{JK} に対して

$$\begin{cases} \min\{d_{IK}, d_{JK}\} < d_{(IJ)K} < \max\{d_{IK}, d_{JK}\} & (d_{IK} \neq d_{JK}) \\ d_{(IJ)K} = d_{IK} & (d_{IK} = d_{JK}) \end{cases} \tag{5.38}$$

を満たすとき，LW 法は空間を保存する (space conserving) という．

d) 空間の準保存

LW 法の更新距離 $d_{(IJ)K}$ が，任意の d_{IJ}, d_{IK}, d_{JK} に対して

$$\min\{d_{IK}, d_{JK}\} \leq d_{(IJ)K} \leq \max\{d_{IK}, d_{JK}\} \tag{5.39}$$

を満たすとき，LW 法は空間を準保存する (semi-space conserving) という．

以上の関係を幾何的に表現すると図 5.13 のようになる．ここでは，一般性を失うことなく $d_{IJ} < d_{IK} < d_{JK}$ と仮定されている．

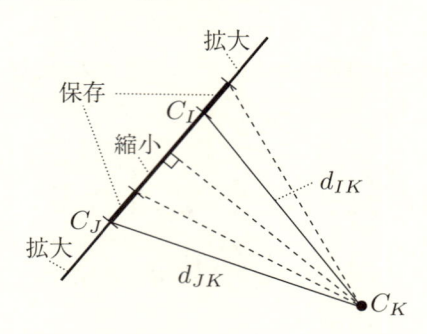

図 5.13 更新距離と空間のゆがみ

図 5.13 において，C_K を始点として，更新距離 $d_{(IJ)K}$ を C_I と C_J を結んだ線分を延長した直線上にとると，C_J の外側にあるときは空間を拡大し，C_I と C_J の間にあるときは，空間を縮小するかまたは保存する．C_I の外側にあるときは空間を保存するかまたは拡大する．

ある 1 組のクラスター間距離を測るとき，「空間を縮小する手法で測った更新距離」 ≤ 「空間を保存する手法で測った更新距離」 ≤ 「空間を拡大する手法で測った更新距離」という関係が成り立つ．

直感的に表現すれば，空間を縮小する手法は更新距離を小さめに測り，空間を拡大する手法は更新距離を大きめに測るということである．

主な手法の空間のゆがみ

ここでは主な手法の空間のゆがみについて述べ，これらに対して Nakamura and Ohsumi (1990) の議論を紹介する．簡単のため $d_{IJ} < d_{IK} < d_{JK}$ と仮定し，

$$\varepsilon_1 = d_{IK} - d_{IJ}, \quad \varepsilon_2 = d_{JK} - d_{IK} \tag{5.40}$$

とおく．d_{IJ}, d_{IK}, d_{JK} に対する仮定より，$\varepsilon_1, \varepsilon_2 > 0$ となることに注意しておく．

5.5 クラスタリング法の性質

最短距離法は，その更新距離の定義より，

$$d_{(IJ)K} = \min\{d_{IK}, d_{JK}\} = d_{IK}$$

となる．よってこの手法は空間を縮小する．

最長距離法は，その更新距離の定義より，

$$d_{(IJ)K} = \max\{d_{IK}, d_{JK}\} = d_{JK}$$

となる．よってこの手法は空間を拡大する．

群平均法は，その更新距離の定義より，

$$\begin{aligned} d_{(IJ)K} &= \frac{n_I}{n_I + n_J} d_{IK} + \frac{n_J}{n_I + n_J} d_{JK} \\ &= -\frac{n_I}{n_I + n_J} \varepsilon_2 + d_{JK} \\ &< d_{JK} \end{aligned}$$

となり，この手法が空間を拡大しないことがわかる．一方，$d_{JK} = d_{IK} + \varepsilon_2$ より以下のように変形される．

$$\begin{aligned} d_{(IJ)K} &= \frac{n_J}{n_I + n_J} \varepsilon_2 + d_{IK} \\ &> d_{IK} \end{aligned}$$

よって空間を縮小しないこともわかる．この結果から

$$d_{IK} < d_{(IJ)K} < d_{JK}$$

が得られる．ゆえに，この手法は空間を保存する．

加重平均法は群平均法において $n_I = n_J$ としたものである．よって，加重平均法も空間を保存する．

重心法は，その更新距離の定義より，

$$d_{(IJ)K} = \frac{n_I}{n_I+n_J}d_{IK} + \frac{n_J}{n_I+n_J}d_{JK} - \frac{n_I n_J}{(n_I+n_J)^2}d_{IJ}$$
$$= d_{IK} + \frac{n_J}{n_I+n_J}(d_{JK}-d_{IK}) - \frac{n_I n_J}{(n_I+n_J)^2}d_{IJ}$$
$$= d_{IK} + \frac{n_J}{n_I+n_J}\left(d_{JK}-d_{IK} - \frac{n_I}{n_I+n_J}d_{IJ}\right)$$
$$= d_{IK} + \frac{n_J}{n_I+n_J}\tau$$

となる.ここで
$$\tau = d_{JK} - d_{IK} - \frac{n_I}{n_I+n_J}d_{IJ}$$
である.よって,この手法は $\tau \leq 0$ のとき空間を縮小し,$\tau > 0$ のとき空間を保存する.言い換えれば,更新距離が $\varepsilon_2 \leq n_I/(n_I+n_J)d_{IJ}$ を満たすとき空間を縮小し,$\varepsilon_2 > n_I/(n_I+n_J)d_{IJ}$ を満たすとき空間を保存する.したがって,重心法はクラスターに属する対象の個数のいかなる変化に対しても空間を拡大しない.

メジアン法は重心法において,$n_I = n_J$ としたものである.よって同様の議論がメジアン法に対しても成り立つ.

Ward 法において,$n_T = n_I + n_J + n_K$ と置き換えることにより,この手法に使われるパラメータは,
$$\alpha_I = \frac{(n_I+n_K)}{n_T},\ \alpha_J = \frac{(n_J+n_K)}{n_T},\ \beta = -\frac{n_K}{n_T},\ \gamma = 0 \qquad (5.41)$$
のように与えられる.Ward 法には,以下のような性質がある.

Ward 法の定義式より
$$d_{(IJ)K} = \frac{n_I+n_K}{n_T}d_{IK} + \frac{n_J+n_K}{n_T}d_{JK} - \frac{n_K}{n_T}d_{IJ}$$
$$= d_{IK} + \frac{1}{n_T}\{n_J(d_{JK}-d_{IK}) + n_K(d_{JK}-d_{IK})\}$$
$$= d_{IK} + \frac{1}{n_T}\{n_J\varepsilon_2 + n_K(\varepsilon_2+\varepsilon_1)\}$$

と変形できる.ここで,$n_J\varepsilon_2 + n_K(\varepsilon_2+\varepsilon_1) > 0$ より $d_{(IJ)K} > d_{IK}$ となる.これは Ward 法が少なくとも空間を縮小しないことを意味している.一方,以下のようにも変形できる.

5.5 クラスタリング法の性質

$$d_{(IJ)K} = d_{JK} + \frac{1}{n_T}\{-n_I(d_{JK} - d_{IK}) + n_K(d_{JK} - d_{IJ})\}$$
$$= d_{IK} + \frac{1}{n_T}(-n_I\varepsilon_2 + n_K\varepsilon_1)$$
$$= d_{JK}\frac{\lambda}{n_T}$$

ここで，$\lambda = -n_I\varepsilon_2 + n_K\varepsilon_1$ である．よって，この手法は $\lambda \geq 0$ のとき空間を拡大し，$\lambda < 0$ のとき空間を保存する．以上をまとめて，

$$d_{IK} < d_{(IJ)K} < d_{JK} + \frac{\lambda}{n_T}$$

が得られる．この手法は常に空間を保存するわけではないが，クラスター間距離 d_{IJ}，d_{IK}，d_{JK} や各結合段階におけるクラスターに属する対象の個数 n_I，n_J，n_K の組合せにより，空間を保存する場合がある．

可変法における空間のゆがみは，パラメータ β の値を変えることによって変化する．β は解析前にあらかじめ決定されている定数または関数である．Lance and Williams (1967) は β を定数として用いる場合，経験的には $\beta = -1/4$ とするのがよいと主張している．

パラメータ β を固定された定数ではなく，関数として使う場合に対しては，以下のようなことが成り立つ．

可変法の更新距離の定義式は次のように変形できる．

$$d_{(IJ)K} = \frac{1}{2}(1-\beta)\{d_{IK} + d_{JK}\} + \beta d_{IJ}$$
$$= d_{IK} + \frac{1}{2}\{-(1+\beta)d_{IK} + (1-\beta)d_{IK} + 2\beta d_{IJ}\}$$
$$= d_{IK} + \frac{1}{2}\{-\beta(\varepsilon_2 + 2\varepsilon_1) + \varepsilon_2\}$$
$$= d_{IK} + \frac{1}{2}\zeta^*$$

ここで，$\zeta^* = -\beta(\varepsilon_2 + 2\varepsilon_1) + \varepsilon_2$ である．また，上式は次のようにも変形できる．

$$d_{(IJ)K} = d_{JK} + \frac{1}{2}\{(1-\beta)d_{IK} - (1+\beta)d_{JK} + 2\beta d_{IJ}\}$$
$$= d_{JK} + \frac{1}{2}\{-\beta(\varepsilon_2 + 2\varepsilon_1) - \varepsilon_2\}$$
$$= d_{JK} + \frac{1}{2}\zeta^{**}$$

ここで，$\zeta^{**} = -\beta(\varepsilon_2 + 2\varepsilon_1) - \varepsilon_2$ である．この2つの変形により，可変法は $\zeta^* \leq 0$ のとき，すなわち，

$$0 < \frac{\varepsilon_2}{\varepsilon_2 + 2\varepsilon_1} \leq \beta$$

のとき空間を縮小する．また，$\zeta^{**} \geq 0$ のとき，すなわち，

$$\beta \leq -\frac{\varepsilon_2}{\varepsilon_2 + 2\varepsilon_1} < 0$$

のとき空間を拡大する．よってこれらの2つの条件がどちらも満たされないとき，すなわち，

$$-\frac{\varepsilon_2}{\varepsilon_2 + 2\varepsilon_1} < \beta < \frac{\varepsilon_2}{\varepsilon_2 + 2\varepsilon_1}$$

のとき空間を保存する．

表 5.2 には，これまでに示した LW 法と空間のゆがみとの関係を示した．

5.5.2 単調性

凝集型階層的クラスタリング法の重要な性質として単調性がある．ここでは，LW 法の単調性について定義し，主な手法の単調性について示す．

LW 法の更新距離 $d_{(IJ)K}$ が，任意の d_{IJ}, d_{IK}, d_{JK} に対して

$$d_{(IJ)K} \geq d_{IJ} \tag{5.42}$$

を満たすとき，LW 法は単調 (monotone) であるという．

a) LW 法の単調性

以下では，一般性を失うことなく $d_{IJ} \leq d_{IK} \leq d_{JK}$ を仮定する．

最短距離法の場合は，

表 5.2 LW 法による空間のゆがみ

手法	空間の縮小	空間の保存	空間の拡大
最短距離法	成立	不成立	不成立
最長距離法	不成立	不成立	成立
群平均法	不成立	成立	不成立
加重平均法	不成立	成立	不成立
Ward 法	不成立	条件付き成立 $\left(\dfrac{\varepsilon_1}{\varepsilon_2} < \dfrac{n_I}{n_K}\right)$	条件付き成立 $\left(\dfrac{\varepsilon_1}{\varepsilon_2} \geq \dfrac{n_I}{n_K}\right)$
重心法	条件付き成立 $\left(\dfrac{\varepsilon_2(n_I + n_J)}{n_I} \leq d_{IJ}\right)$	条件付き成立 $\left(\dfrac{\varepsilon_2(n_I + n_J)}{n_I} > d_{IJ}\right)$	不成立
メジアン法	条件付き成立 $(2\varepsilon_2 \leq d_{IJ})$	条件付き成立 $(2\varepsilon_2 > d_{IJ})$	不成立
可変法	条件付き成立 $\left(\dfrac{\varepsilon_2}{2\varepsilon_1 + \varepsilon_2} \leq \beta\right)$	条件付き成立 $\left(\dfrac{-\varepsilon_2}{2\varepsilon_1 + \varepsilon_2} < \beta < \dfrac{\varepsilon_2}{2\varepsilon_1 + \varepsilon_2}\right)$	条件付き成立 $\left(\dfrac{-\varepsilon_2}{2\varepsilon_1 + \varepsilon_2} \geq \beta\right)$

$$d_{(IJ)K} - d_{IJ} = d_{IK} - d_{IJ} \geq 0$$

が成り立つ．したがって，$d_{(IJ)K} \geq d_{IJ}$ となるので，単調な手法である．
最長距離法の場合は，

$$d_{(IJ)K} - d_{IJ} = d_{JK} - d_{IJ} \geq 0$$

が成り立つ．したがって，$d_{(IJ)K} \geq d_{IJ}$ となるので，単調な手法である．
群平均法の場合は，

$$d_{(IJ)K} - d_{IJ} = \frac{n_I}{n_I + n_J}d_{IK} + \frac{n_J}{n_I + n_J}d_{JK} - d_{IJ}$$
$$\geq d_{IK} - d_{IJ}$$
$$\geq 0$$

が成り立つ．したがって，$d_{(IJ)K} \geq d_{IJ}$ となるので，単調な手法である．

加重平均法の場合は，

$$d_{(IJ)K} - d_{IJ} = \frac{1}{2}d_{IK} + \frac{1}{2}d_{JK} - d_{IJ}$$
$$\geq d_{IK} - d_{IJ}$$
$$\geq 0$$

が成り立つ．したがって，$d_{(IJ)K} \geq d_{IJ}$ となるので，単調な手法である．

Ward 法の場合は，

$$d_{(IJ)K} - d_{IJ} = \frac{n_I + n_K}{n_I + n_J + n_K}d_{IK} + \frac{n_J + n_K}{n_I + n_J + n_K}d_{JK}$$
$$- \frac{n_K}{n_I + n_J + n_K}d_{IJ} - d_{IJ}$$
$$\geq \left(1 + \frac{n_K}{n_I + n_J + n_K}\right)d_{IK} - \left(1 + \frac{n_K}{n_I + n_J + n_K}\right)d_{IJ}$$
$$= \left(1 + \frac{n_K}{n_I + n_J + n_K}\right)(d_{IK} - d_{IJ})$$
$$\geq 0$$

が成り立つ．したがって，$d_{(IJ)K} \geq d_{IJ}$ となるので，単調な手法である．

重心法の場合は，

$$d_{(IJ)K} - d_{IJ} = \frac{n_I}{n_I + n_J}d_{IK} + \frac{n_J}{n_I + n_J}d_{JK} - \frac{n_I n_J}{(n_I + n_J)^2}d_{IJ} - d_{IJ}$$
$$\geq -\frac{n_I n_J}{(n_I + n_J)^2}d_{IJ}$$

が成り立つ．したがって，n_I, n_J の値によっては左辺が負になることがあるため，単調性は満たさない．

メジアン法の場合は，

$$d_{(IJ)K} - d_{IJ} = \frac{1}{2}d_{IK} + \frac{1}{2}d_{JK} - \frac{1}{4}d_{IJ} - d_{IJ}$$
$$\geq -\frac{1}{4}d_{IJ}$$

が成り立つ．したがって，左辺が負になることがあるので，単調性は満たされない．

可変法の場合は，

$$d_{(IJ)K} - d_{IJ} = \frac{1-\beta}{2}d_{IK} + \frac{1-\beta}{2}d_{JK} + \beta d_{IJ} - d_{IJ}$$
$$= \frac{1-\beta}{2}(d_{IK} + d_{JK} - 2d_{IJ})$$
$$\geq 1 - \beta$$

が成り立つ．ここで，仮定より $d_{IK} + d_{JK} - 2d_{IJ} \geq 0$ なので，$\beta \leq 1$ のときは単調性は満たされる．$\beta > 1$ のときは左辺が負になることがあるため，単調性は満たされない．

b) LW 法の空間の保存と単調性

LW 法が空間を保存するとき，その手法は単調である．表 5.3 は，これまでに示した LW 法と単調性との関係を示した表である．

表 5.3 LW 法の単調性

手法	単調性	手法	単調性
最短距離法	成立	Ward 法	成立
最長距離法	成立	重心法	不成立
群平均法	成立	メジアン法	不成立
加重平均法	成立	可変法	条件付き成立 ($\beta \leq 1$)

5.5.3 可約性

ここでは，階層的手法を特徴づける概念として，可約性 (reducibility) を紹介する．まず，クラスター間の関係に関するいくつかの概念を導入する．

相互最短性

クラスター C_J がクラスター C_I の最短 (nearest neighbor) であるとは，すべての $K(\neq J)$ に対して，$d_{IJ} \leq d_{IK}$ が成り立つことである．クラスター C_I と C_J が相互最短 (reciprocal nearest neighbors) であるとはすべての $K(\neq I, J)$ に対して，

$$d_{IJ} \leq \min\{d_{IK}, d_{JK}\} \tag{5.43}$$

が成り立つことである．

相互最短の概念を利用して，階層的手法の可約性を定める．

可約性

次の不等式がクラスタリング結果（任意の I, J, K）に対して成り立つとき，その手法は可約 (reducible) であるという．

$$d_{IJ} \leq \min\{d_{IK}, d_{JK}\} \Longrightarrow \min\{d_{IK}, d_{JK}\} \leq d_{(IJ)K} \tag{5.44}$$

重心法，メジアン法以外の LW 法および 2 乗誤差法，平均非類似性法は可約である．また，可約である手法は単調である．これらに関する詳細は Murtagh (1983) を参照されたい．

5.5.4　LW 法の性質とパラメータの関係

最後に，単調性および空間のゆがみと LW 法のパラメータの関係に関する結果を紹介する (Milligan, 1979; Batagelj, 1981; Chen and Van Ness, 1996)．

a) LW 法の単調性

LW 法が単調であるための必要十分条件は，

$$\gamma \geq -\min\{\alpha_I, \alpha_J\}, \quad \alpha_I + \alpha_J \geq 0, \quad \alpha_I + \alpha_J + \beta \geq 1 \tag{5.45}$$

である (Batagelj, 1981)．

b) LW 法の空間の縮小

LW 法が空間を縮小するための必要十分条件は,

$$\gamma \leq -\max\{\alpha_I, \alpha_J\}, \quad \alpha_I + \alpha_J \leq 1, \quad \alpha_I + \alpha_J + \beta \leq 1 \tag{5.46}$$

である (Chen and Van Ness, 1996).

c) LW 法の空間の拡大

LW 法が空間を拡大するための必要十分条件は,

$$1 - \min\{\alpha_I, \alpha_J\} \leq \gamma, \quad \alpha_I + \alpha_J \geq 1, \quad \alpha_I + \alpha_J + \beta \geq 1 \tag{5.47}$$

である (Chen and Van Ness, 1996).

d) LW 法の空間の保存

LW 法が空間を保存するための必要十分条件は,

$$-\min\{\alpha_I, \alpha_J\} < \gamma < 1 - \max\{\alpha_I, \alpha_J\}, \quad \alpha_I + \alpha_J = 1, \quad \beta = 0 \tag{5.48}$$

である (Chen and Van Ness, 1996).

e) LW 法の空間の準保存

LW 法が空間を準保存するための必要十分条件は,

$$-\min\{\alpha_I, \alpha_J\} \leq \gamma \leq 1 - \max\{\alpha_I, \alpha_J\}, \quad \alpha_I + \alpha_J = 1, \quad \beta = 0 \tag{5.49}$$

である (Chen and Van Ness, 1996).

f) LW 法の単調性と空間の縮小

LW 法が単調かつ空間を縮小するための必要十分条件は,

$$\gamma = -\alpha_I = -\alpha_J, \quad 0 \leq \alpha_I \leq \frac{1}{2}, \quad 0 \leq \beta \leq 1 \tag{5.50}$$

である.

以上のように，LW 法の空間のゆがみや単調性はパラメータのみに依存して決定される．これらのパラメータを変化させることにより，理論的には手法の定義は無限に考えることができる．ただし，極端なパラメータの選択は極端なクラスタリング結果につながることはいうまでもなく，説明可能な何らかの基準に基づいてパラメータを選択する必要がある．上記の結果は，このパラメータの選択の指針となるものである．

5.6 数値例と設問

5.6.1 ソフト飲料の類似性データの解析例

ここでは，ソフト飲料のブランド交換データ（表 1.4 参照）に階層的クラスター分析法を用いた解析について述べる．

このデータは，ある期間 t に購入したソフト飲料とその後の期間 $t+1$ に購入したソフト飲料の種類の関係のデータである．このデータは非対称であるが，ここでの解析には原データ s_{ij} を対称化したもの $s'_{ij} = (s_{ij} + s_{ji})/2$ を用いる．また，s' は類似性データであるので，本書で解説したクラスタリング法を用いるために，以下のように非類似性データに変換する．

$$d_{ij} = \begin{cases} \max_{i \neq j}(s'_{ij}) - s'_{ij} + 1 & (i \neq j) \\ 0 & (i = j) \end{cases} \tag{5.51}$$

これは関連性データなので，既述のように，このデータに適用可能な LW 法は，最短距離法，最長距離法，群平均法，加重平均法，可変法の 5 つである．これらの手法によるクラスタリング結果を，デンドログラムで表現したものを図 5.14 に示す．

階層的手法の解析結果は結合過程および結合距離のすべてであることは，既述のとおりである．その意味では，これら 5 つの手法による解析結果はすべて異なっている．しかし，結合距離を無視してしまえば，群平均法，加重平均法，可変法の結合過程は一致している．また，分類という観点でいえば，2 クラスターへの分類は群平均法，加重平均法，可変法に加え，最長距離法

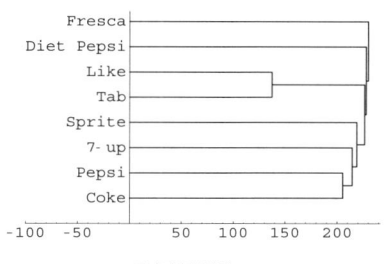

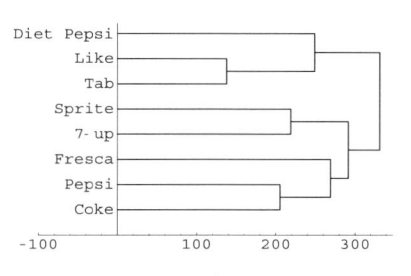

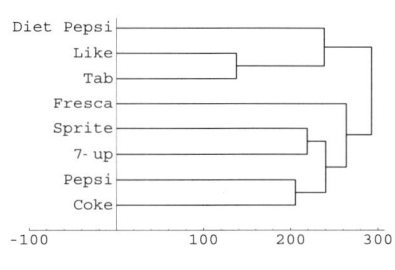

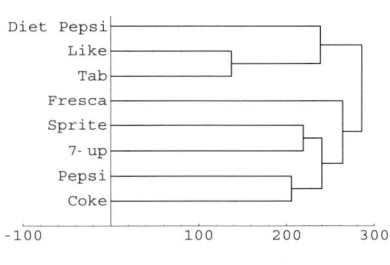

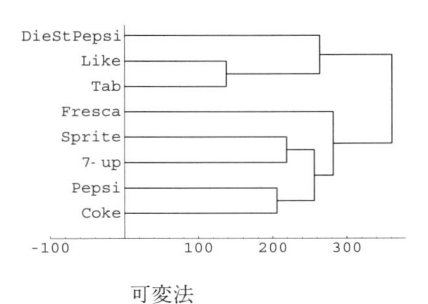

図 5.14 ソフト飲料データの解析結果

の結果も一致している．

次に，個別の手法の解析結果について述べる．最短距離法の結果において，最初に結合するのは Like と Tab である．次に，Pepsi と Coke，Sprite と 7-Up と結合していく．味や炭酸の有無によって，類似しているものが結合していく過程が読み取れる．最終的には 2 クラスターで分類すれば，{Diet Pepsi, Like, Tab}，{Sprite, 7-Up, Fresca, Pepsi, Coke} となり，3 クラスターで分類すれば，{Diet Pepsi, Like, Tab}，{Sprite, 7-Up}，{Fresca, Pepsi, Coke} という分類が得られる．他の手法においても，同様の結果を読み取ることができる．

群平均法や加重平均法において，一見，2 組のクラスターが同時に接続しているように見えるが，前述のように本書ではタイは存在しないことを仮定しており，結合距離は異なっていることに注意しておく．

実際に，どの手法の解析結果を最終的な結果として採用するかについては，第 7 章で同一のデータについて議論しているのでそちらを参照されたい．

5.6.2 果物の非類似性データの解析例

ここでは，果物データ（表 2.5 参照）の解析について述べる．果物データも原データは非類似性データなので，直接，前節と同じ手法を用いて解析する．解析した結果を図 5.15 に示す．

このデータは超距離の性質を満たすので，最短距離法と最長距離法の結果における階層構造はすべて一致している．

デンドログラムからの分類結果の読み取り法については，前節で説明したので，ここでは，接続行列による表現について述べる．

(5.41) の R_i $(i = 1, 2, \ldots, 6)$ は，各結合段階における接続行列を表している．なお，この解析では，5 つの結果（図 5.15 参照）が結合距離を除いて一致しているので，これらの結果の接続行列は同一になる．たとえば，R_1 はすべての対象が単独クラスターを形成している状況を示し，R_2 は 3 番目の対象である「いちご」と 4 番目の対象である「ぶどう」が結合したことを示している．

5.6 数値例と設問

最短距離法

最長距離法

群平均法

加重平均法

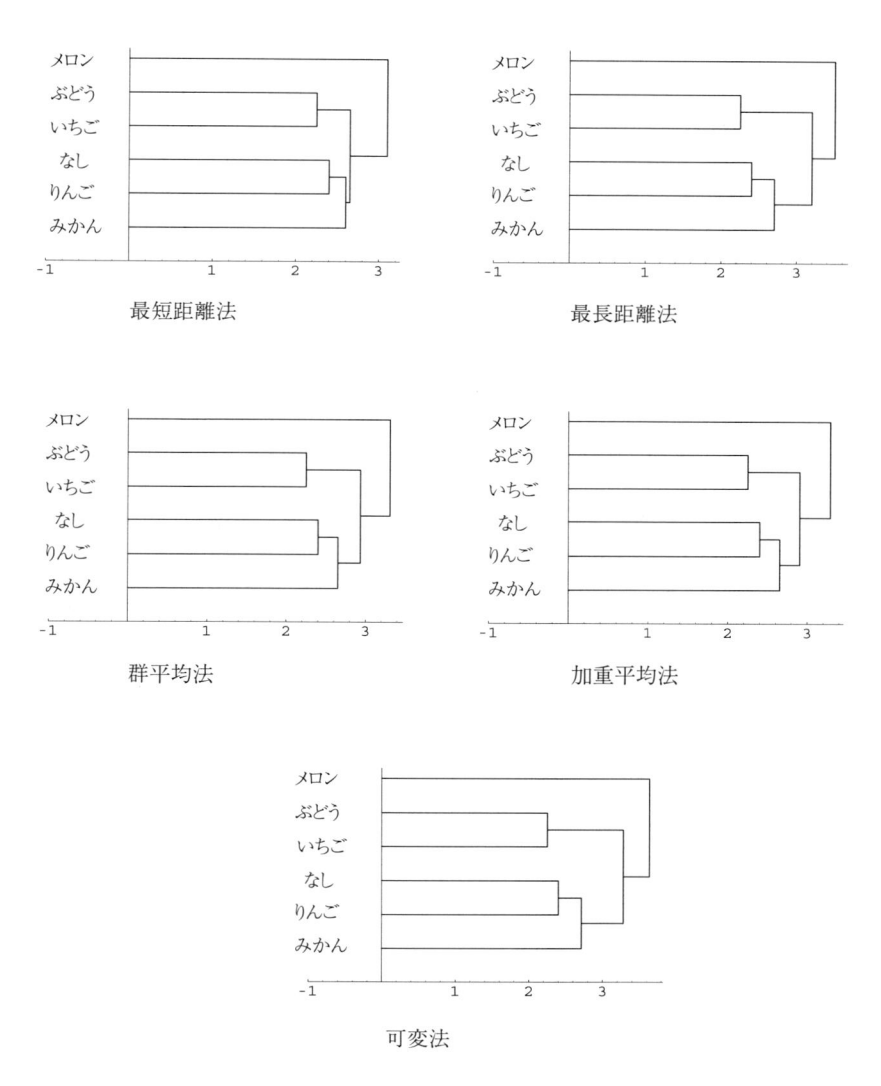

可変法

図 5.15 果物データの解析結果

$\boldsymbol{W}_{SL}$, $\boldsymbol{W}_{CL}$ は，それぞれ，最短距離法，最長距離法の場合の解析結果を表す距離行列（Cophen 行列）である．距離行列から対象間の結合距離を読み取ることができ，手法によって結合距離が異なっていることを表している．前述のように，この行列に対応するデンドログラムを完全に生成することができる．また，この距離行列を用いて原データとデンドログラムとの当てはまりの良さを測ることができる（第 7 章参照）．

$$\boldsymbol{R}_1 = \begin{pmatrix} 1 & 0 & 0 & 0 & 0 & 0 \\ 0 & 1 & 0 & 0 & 0 & 0 \\ 0 & 0 & 1 & 0 & 0 & 0 \\ 0 & 0 & 0 & 1 & 0 & 0 \\ 0 & 0 & 0 & 0 & 1 & 0 \\ 0 & 0 & 0 & 0 & 0 & 1 \end{pmatrix}, \quad \boldsymbol{R}_2 = \begin{pmatrix} 1 & 0 & 0 & 0 & 0 & 0 \\ 0 & 1 & 0 & 0 & 0 & 0 \\ 0 & 0 & 1 & 1 & 0 & 0 \\ 0 & 0 & 1 & 1 & 0 & 0 \\ 0 & 0 & 0 & 0 & 1 & 0 \\ 0 & 0 & 0 & 0 & 0 & 1 \end{pmatrix}$$

$$\boldsymbol{R}_3 = \begin{pmatrix} 1 & 0 & 0 & 0 & 0 & 0 \\ 0 & 1 & 0 & 0 & 1 & 0 \\ 0 & 0 & 1 & 1 & 0 & 0 \\ 0 & 0 & 1 & 1 & 0 & 0 \\ 0 & 1 & 0 & 0 & 1 & 0 \\ 0 & 0 & 0 & 0 & 0 & 1 \end{pmatrix}, \quad \boldsymbol{R}_4 = \begin{pmatrix} 1 & 1 & 0 & 0 & 1 & 0 \\ 1 & 1 & 0 & 0 & 1 & 0 \\ 0 & 0 & 1 & 1 & 0 & 0 \\ 0 & 0 & 1 & 1 & 0 & 0 \\ 1 & 1 & 0 & 0 & 1 & 0 \\ 0 & 0 & 0 & 0 & 0 & 1 \end{pmatrix} \quad (5.52)$$

$$\boldsymbol{R}_5 = \begin{pmatrix} 1 & 1 & 1 & 1 & 1 & 0 \\ 1 & 1 & 1 & 1 & 1 & 0 \\ 1 & 1 & 1 & 1 & 1 & 0 \\ 1 & 1 & 1 & 1 & 1 & 0 \\ 1 & 1 & 1 & 1 & 1 & 0 \\ 0 & 0 & 0 & 0 & 0 & 1 \end{pmatrix}, \quad \boldsymbol{R}_6 = \begin{pmatrix} 1 & 1 & 1 & 1 & 1 & 1 \\ 1 & 1 & 1 & 1 & 1 & 1 \\ 1 & 1 & 1 & 1 & 1 & 1 \\ 1 & 1 & 1 & 1 & 1 & 1 \\ 1 & 1 & 1 & 1 & 1 & 1 \\ 1 & 1 & 1 & 1 & 1 & 1 \end{pmatrix}$$

$$\boldsymbol{W}_{SL} = \begin{pmatrix} 0 & 2.60 & 2.65 & 2.65 & 2.60 & 3.10 \\ 2.60 & 0 & 2.65 & 2.65 & 2.40 & 3.10 \\ 2.65 & 2.65 & 0 & 2.25 & 2.65 & 3.10 \\ 2.65 & 2.65 & 2.25 & 0 & 2.65 & 3.10 \\ 2.60 & 2.40 & 2.65 & 2.65 & 0 & 3.10 \\ 3.10 & 3.10 & 3.10 & 3.10 & 3.10 & 0 \end{pmatrix} \quad (5.53)$$

$$\boldsymbol{W}_{CL} = \begin{pmatrix} 0 & 2.70 & 3.20 & 3.20 & 2.70 & 3.50 \\ 2.70 & 0 & 3.20 & 3.20 & 2.40 & 3.50 \\ 3.20 & 3.20 & 0 & 2.25 & 3.20 & 3.50 \\ 3.20 & 3.20 & 2.25 & 0 & 3.20 & 3.50 \\ 2.70 & 2.40 & 3.20 & 3.20 & 0 & 3.50 \\ 3.50 & 3.50 & 3.50 & 3.50 & 3.50 & 0 \end{pmatrix} \quad (5.54)$$

5.6.3 設問

1) 最短距離法および最長距離法が，データの単調変換に不変な結果を与えることを示せ．
2) 最短距離法および最長距離法が，可約であることを示せ．
3) 可約である手法は単調であることを示せ．
4) 5.5.4項の a) を証明せよ．
5) 5.5.4項の b)，c)，d) を証明せよ．
6) データにタイがある場合，本章で取り上げたアルゴリズムやクラスタリング結果にどのような影響があるか考察せよ．
7) データが非類似性行列で与えられ，かつ，非対称である場合の階層的クラスター分析法について考察せよ．
8) いくつかの数値例に対して，さまざまな手法を適用することにより，手法の特徴を考察せよ．

第6章

非階層的クラスター分析法

6.1 はじめに

　非階層的クラスター分析法 (non-hierarchical clustering method) には，異なる考え方に基づくさまざまな手法が存在する．ここでは，基本となる考え方ごとに分け，その代表的な手法について説明する．

　非階層的手法では，適当な目的関数を定義し，その目的関数を最大化あるいは最小化するように各対象の属するクラスターを定める．いかなる制約もなしに，n 個のクラスターを $k\ (\leq n)$ 個のクラスターに分類する場合の数は，n の増加に伴い膨大な数になり（1.9.2 項参照），すべての場合について目的関数を評価することは，現実的ではない．そこで，クラスター数や最適化の方法に何らかの制約を課し，制約付きの最適化問題としてクラスターを求めることが一般的である．

　本章では，非階層的手法をアルゴリズムの観点から，移動中心法，交換法，接続法の 3 つに分けて解説する．なお，ここで取り上げる手法は，入力データとして関連性データの場合（表 1.8 参照）と多変量データ（表 1.9 参照）の場合の両方に適用可能である．ここでも，関連性データにタイが存在しないと仮定する．

6.2 移動中心法

移動中心法 (moving center method) では,シード (seed) とよばれるクラスター中心 (cluster center) を定め,クラスター中心と各対象との非類似性によって定義された目的関数を最大化する.このとき,多くのアルゴリズムについては,クラスターの個(クラスター中心の数)はあらかじめ定められているものとする.移動中心法では,以下の4つの選択によりさまざまに定式化できる.

1) クラスター中心の決定法
2) クラスター中心と対象との間の非類似性
3) クラスター中心の初期値
4) アルゴリズム

移動中心法のアルゴリズムの詳細は後述するが,概要は以下のとおりである.

アルゴリズム

Step 1: クラスター中心の初期設定.
　　　　クラスター中心の初期値を決定する.

Step 2: クラスターの決定(対象とクラスター中心間の非類似性).
　　　　対象とクラスター中心間の非類似性に基づき対象をクラスターに分属させ,クラスターを定める.

Step 3: クラスター中心の決定.
　　　　定められたクラスターについて,クラスター中心を再計算する.

Step 4: 繰り返し.
　　　　停止条件が満たされるまで,Step 2, 3 を繰り返す.

Step 1, 2, 3 のそれぞれにさまざまな選択肢があり,その選択によって,クラスタリング結果は大きく異なる.以下では,Step 1, 2, 3 のそれぞれについて,代表的な方法を説明する.

6.2.1 クラスター中心の初期値の決定

クラスター中心の初期値の決定法にはさまざまなものがあり,移動中心法のクラスタリング結果はクラスター中心の初期値に依存する.まず,問題となるのはクラスター数の決定であるが,あらかじめクラスター数を定める方法と定めない方法がある.以下では,クラスター中心の初期値 c_i $(i=1,2,\ldots,l)$ の決定法として,ある種の閾値を用いるもの,および接続指標を用いるものについて述べる.

a) クラスター中心間の非類似性に関する閾値の利用

クラスター中心間の非類似性が,事前に定められた値 R_b より大きいという条件下でクラスター中心を定める.このとき,クラスター中心の決定法は以下のように表される.

Step 1:対象の中から 1 つを選択し,クラスター中心 c_1 とする.

Step 2:すでに定められたすべてのクラスター中心 c_j $(j=1,2,\ldots,k)$ に対して,$d_{ic_j} > R_b$ を満たす対象 i の中から適当に 1 つを選択し,クラスター中心 c_{k+1} とする.

Step 3:$k=1,2,\ldots$ に対して,クラスター中心の数が,あらかじめ定められた個数 l になるまで,Step 2 を繰り返す.

ここで,R_b の値によっては,l 個のクラスター中心が決定できない場合があることを注意しておく.その場合は,R_b の値を小さくし,再度 Step 1 よりやり直す.

b) クラスター中心間の非類似性およびクラスター半径に関する閾値の利用

クラスター中心間の非類似性が,事前に定められた値 R_b より大きく,かつ,クラスター半径(クラスター中心とクラスターに所属する対象との非類似性の最大値)が,事前に定められた値 R_w より小さい,という条件下でクラスター中心を定める.このとき,クラスター中心の決定法は以下のように表される.対象が順序づけられていると仮定する.

Step 1：対象1をクラスター中心 c_1 とする．

Step 2：クラスター中心 c_j $(j = 1, 2, \ldots, k)$ が与えられているとする．対象 i に対して，最も近いクラスター中心 c_ℓ との非類似性が $d_{ic_\ell} < R_w$ を満たせば，クラスター C_L に対象 i を加え，そのクラスター中心 c_ℓ を 6.2.3 項を用いて再計算する．このとき，原データが非類似性データの場合は c) の方法のみが利用可能である．また，クラスター中心の個数は変わらないことを注意しておく．満たさなければ Step 3 へ．

Step 3：すでに定められたすべてのクラスター中心 c_j $(j = 1, 2, \ldots, k)$ に対して，対象 i が $d_{ic_j} > R_b$ を満たせば，対象 i を新たなクラスター中心 c_{k+1} とする．満たさなければ Step 4 へ．

Step 4：最後の対象になるまで，順次，対象に対して，Step 2，3 を繰り返す．

接続関数の利用

対象とクラスター中心間との非類似性を，以下で述べる接続関数 (linkage function) とよばれる関数で表す．それを用いてクラスター中心を決定する．クラスター中心全体の集合を Γ とし，対象全体の集合を C とする．

Step 1：すべての対象の中で最も離れている対象2つを選び，それをクラスター中心 c_1，c_2 とする．

Step 2：クラスター中心 $\Gamma = \{c_1, c_2, \ldots, c_\ell\}$ $(\ell \geq 2)$ が得られているとき，残りの対象 i $(\in C - \Gamma)$ について，接続関数 $f(i, \Gamma)$ を最大とする i を $c_{\ell+1}$ として Γ に加える．

Step 3：クラスター中心が事前に定めたクラスター数になるまで Step 2 を繰り返す．

接続関数には以下のようなものが考えられる．

$$\ell_s(i, \Gamma) = \max_{j \in \Gamma} d_{ij} \tag{6.1}$$

$$\ell_c(i,\Gamma) = \min_{j\in\Gamma} d_{ij} \tag{6.2}$$

$$\ell_a(i,\Gamma) = \frac{1}{n_\Gamma}\sum_{j\in\Gamma} d_{ij} \tag{6.3}$$

6.2.2 対象とクラスター中心間の非類似性

　前述のクラスター中心の初期値は，必ずいずれかの対象と一致しているので，対象とクラスター中心との間の非類似性は対象間の非類似性と同一の定義を用いることができる．これに基づき，対象を最も近いクラスター中心をもつクラスターに分属させる．

　一方，次節で述べる方法でクラスター中心を再決定した後は，必ずしもクラスター中心がいずれかの対象と一致しているわけではない．この場合の対象とクラスター中心との間の非類似性の決定法は，クラスター中心の決定において，

　1)　対象とクラスター中心の定義される空間が同一な場合
　2)　対象とクラスター中心の定義される空間が異なる場合

の2つの場合について考える必要がある．

　1)の場合，対象間の非類似性の定義を，対象とクラスター中心との間の非類似性の定義として用いることも可能である．もちろん，異なる定義を与えても問題ないが，通常は第1章で定義した対象間の非類似性の中から，データの尺度水準を勘案して選択する．2)の場合は，新たに対象とクラスター中心間の非類似性を定義する必要がある．たとえば，6.2.3項のii)やiii)の場合，クラスター中心は対象が定義されている空間における超平面と考えられる．したがって，対象と超平面の距離をそれらの間の非類似性として定義することもできる．これらの非類似性の定義にはさまざまな方法があるが，あまり一般的ではないのでここではふれないことにする．

6.2.3 クラスター中心の決定

　ここでは，解析データの種類ごとにクラスター中心の決定法を説明する．なお，クラスター C_K は定まっていると仮定して，その状況でのクラスター中

心 $\boldsymbol{g}_K$ の決定法を述べる．ここで注意すべきことは，クラスターの属する空間とクラスター中心の属する空間が，必ずしも同一である必要はないことである．

a) 多変量数値データ

n 個の対象についての m 個の数値変量のデータが与えられている場合，すなわち，$\boldsymbol{X} = (\boldsymbol{x}_i)$ $(i = 1, 2, \ldots, n)$，ただし，$\boldsymbol{x}_i = (x_{i1}, x_{i2}, \ldots, x_{im})$ を考える．ここで，$x_{ij} \in R$（実数）であることを注意しておく．

i) クラスター重心の利用

各クラスター中心を，そのクラスターに属する対象の重心

$$\boldsymbol{g}_K = \frac{1}{n_K} \sum_{i \in C_K} \boldsymbol{x}_i \tag{6.4}$$

で定める．

ii) 主成分分析の利用

クラスター C_K に属する n_K 個の対象のデータ，つまり，$n_K \times m$ 次の行列 $\boldsymbol{X}_K = (\boldsymbol{x}_i)$ $(i \in C_K)$ がある．これに主成分分析を適用し，第1主成分のスコアベクトルをクラスター中心 $\boldsymbol{g}_K$ と考える．このとき，対象の属する空間とクラスター中心の属する空間が異なることに注意しておく．

iii) 回帰分析の利用

クラスター C_K に属する n_K 個の対象のデータ，つまり，$n_K \times m$ 次の行列 $\boldsymbol{X}_K = (\boldsymbol{x}_i)$ $(i \in C_K)$ がある．これに重回帰分析を適用し，回帰係数をクラスター中心 $\boldsymbol{g}_K$ と考える．このとき，1つの変量を被説明変量と考え，残りの変量を説明変量と考える．よって，クラスター中心の属する空間の次元が $m-1$ 次元となり，主成分分析を利用する場合と同様に，対象の属する空間とクラスター中心の属する空間が異なる．

i) のクラスター重心を利用する場合が最も多い．図 6.1 は，対象とクラスター中心の属する空間が同一の場合を表しており，図 6.2 は，それが異なる

場合を表している．

対象とクラスター中心の付置されている空間

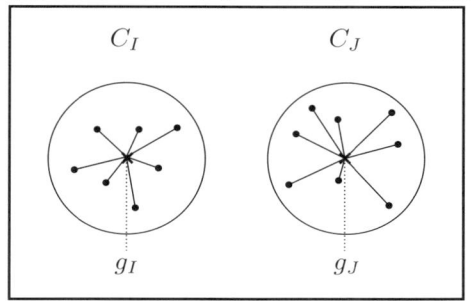

図 6.1 i) の場合のクラスターとクラスター中心

クラスター中心が付置されている空間

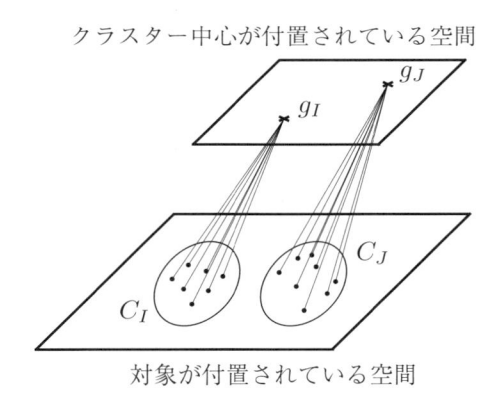

対象が付置されている空間

図 6.2 ii), iii) の場合のクラスターとクラスター中心

b) 多変量カテゴリカルデータ

n 個の対象についての m 個の多値カテゴリカル変量のデータが与えられている場合，すなわち，$\boldsymbol{X} = (\boldsymbol{x}_i)\,(i = 1, 2, \ldots, n)$，ただし，$\boldsymbol{x}_i = (x_{i1}, x_{i2}, \ldots, x_{im})$ を考える．つまり x_{ij} は，対象 i に対する変量 j のカテゴリ番号である．こ

こで，$x_{ij} \in N$（自然数）であることに注意しておく．

iv) 変数の最頻カテゴリの利用

クラスター C_K に属する n_K 個の対象のデータ，つまり，$n_K \times m$ 次の行列 $\boldsymbol{X}_K = (\boldsymbol{x}_i)$ $(i \in C_K)$ に対して，各変量の最頻カテゴリ番号のベクトル

$$\boldsymbol{g}_K = (g_{K1}, g_{K2}, \ldots, g_{Km}) \tag{6.5}$$

をクラスター中心と考える．ただし，$g_{Kj} = \mathrm{mode}(x_{ij}; i \in C_K)$ である．このとき，クラスター中心ベクトルの次元は変量の個数に一致する．すなわち，対象の属する空間とクラスター中心の属する空間は同じである．

v) カテゴリの相対頻度の利用

クラスター C_K に属する n_K 個の対象のデータ，つまり，$n_K \times m$ 次の行列 $\boldsymbol{X}_K = (\boldsymbol{x}_i)$ $(i \in C_K)$ に対して，カテゴリ番号の相対頻度ベクトル

$$\boldsymbol{g}_K = (g_{K1}, g_{K2}, \ldots, g_{KL}) \tag{6.6}$$

をクラスター中心と考える．ただし，L は各変量のカテゴリ数の最大値であり，

$$g_{K\ell} = \frac{1}{n_K} \sum_{i \in C_K} \sum_j \mathcal{N}(x_{ij} = \ell) \quad (\ell = 1, 2, \ldots, L) \tag{6.7}$$

である．ここで，$\mathcal{N}(x_{ij} = \ell)$ は，x_{ij} が ℓ と一致する個数を表している．このときクラスター中心ベクトルの次元はカテゴリ数の最大値と一致する．

c) 非類似性データ

n 個の対象間の非類似性データが，n 次の正方行列 $\boldsymbol{D} = (d_{ij})$ $(i, j = 1, 2, \ldots, n)$ として与えられている場合を考える．

vi) 目的関数の最小化

次の目的関数を設定する．

$$f_1(i, C_K) = \frac{1}{n_K} \sum_{j \in C_K} d_{ij} \tag{6.8}$$

$$f_2(i, C_K) = \max_{j \in C_K} d_{ij} \tag{6.9}$$

$$f_3(i, C_K) = \min_{j \in C_K, j \neq i} d_{ij} \tag{6.10}$$

これらはそれぞれ，対象 i とクラスター C_K に属する対象 j との非類似性の平均，最大値，最小値を表している．

各目的関数を最小にする i^* を C_K のクラスター中心と考える．すなわち，

$$f_h(i^*, C_K) = \min_i f_h(i, C_K) \quad (h = 1, 2, 3) \tag{6.11}$$

である．

vii) 目的関数の最大化

次の目的関数を設定する．

$$f_h(i, C - C_K) \quad (h = 1, 2, 3) \tag{6.12}$$

ここで，f_h は iv) の最小化の場合と同じ関数であり，$C - C_K$ は対象全体からクラスター C_K を除いた集合を表している．

各目的関数を最大にする i^* を C_K のクラスター中心と考える．すなわち，

$$f_h(i^*, C - C_K) = \max_i f_h(i, C - C_K) \quad (h = 1, 2, 3) \tag{6.13}$$

である．

類似性データである場合も，非類似性データに変換することにより（1.5.3 項参照），この方法でクラスター中心を定めることができる．関連性データの場合には，クラスター中心が必ずいずれかの対象と一致することに注意しておく．また，これらの場合には，クラスター中心の座標を明示することができない．しかし，この手法を用いるには，各対象とクラスター中心の間の非類似性が定義できれば十分であり，必ずしもクラスター中心の座標を必要と

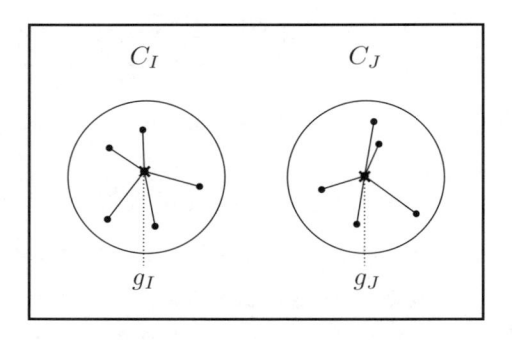

図 6.3 vi) の場合のクラスターとクラスター中心

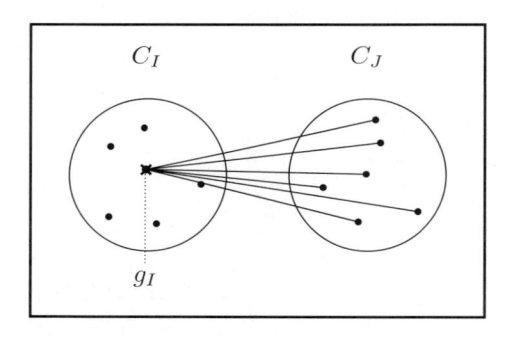

図 6.4 vii) の場合のクラスターとクラスター中心

しないので問題はない．図 6.3 は，目的関数を最小化する場合のクラスター中心の選択を表し，図 6.4 は，目的関数を最大化する場合のクラスター中心の選択を表している．両者とも，いずれかの対象がクラスター中心として選択されることに注意しておく．

6.2.4 アルゴリズム

前述の方法により，対象とクラスター中心間の非類似性およびクラスター中心の初期設定がされているとする．このとき，対象をクラスタリングするためのアルゴリズムを与える．すべての対象を一斉にクラスターに分属させ

る並行 k-means 法と，1つずつ対象を分属させていく逐次 k-means 法が考えられる．それぞれのアルゴリズムは以下のとおりである．

a) 並行 k-means 法

Step 1：クラスター中心の初期設定
　　クラスター中心の初期値を定める．
Step 2：クラスターの更新
　　最短距離基準に基づき，すべての対象を最も近いクラスター中心に分属させる．もし，対象からの非類似性が最も近いクラスター中心が複数個存在する場合には適当に1つ選択し，分属させる．
Step 3：クラスター中心の更新
　　すべてのクラスター中心を再計算する．
Step 4：繰り返し
　　停止条件を満たすまで Step 2, 3 を繰り返す．

b) 逐次 k-means 法

Step 1：クラスター中心の初期設定
　　クラスター中心の初期値を定める．
Step 2：クラスターの更新
　　最短距離基準に基づき，(順に) 選択された1つの対象のみを最も近いクラスター中心に分属させる．もし，対象からの非類似性が最も近いクラスター中心が複数個存在する場合には適当に1つ選択し，分属させる．
Step 3：クラスター中心の更新
　　対象が移動（1つ増加または1つ減少）した2つのクラスター中心を再計算する．
Step 4：繰り返し
　　停止条件を満たすまで Step 2, 3 を繰り返す．

停止条件には，クラスターの更新がなくなった場合，繰り返し同じクラスターが構成される場合，あらかじめ定めておいた規定の回数の Step 2, 3 の繰り返しを行った場合などが考えられる．

なお，逐次 k-means 法の場合は事前に対象の順番を定めておくが，クラスタリング結果がこの順序に依存することを注意しておく．

本節で述べたように，移動中心法には多くの手法が存在する．最も一般的なものは，MacQueen (1967) の k-means 法およびその亜種であろう．その他にも多くの研究者によって k-means 法の亜種は提案されているが，詳細についてはここでは述べない．

6.3 交換法

交換法 (exchange method) は，近傍系を 1 つの対象のみが属するクラスターを移動するとした局所探索法（5.1.2 項参照）である．$f(S_j)$ を分割 $S_j = \{C_1, C_2, \ldots, C_K\}$ を引数とする最適化関数とし，$S_j(i, C_T)$ を j 段階目の分割 S_j において，C_T 以外のクラスターに属する対象 i が C_T に移動した分割とする．このとき，近傍系は $N(S_j) = \{S_j(i, C_T) | i \in S_j, T = 1, 2, \ldots, K\}$ で表され，交換法のアルゴリズムは以下のように表される．

アルゴリズム

Step 1： S_0 を初期クラスタリングの結果（分割）とする．

Step 2： $\Delta_j(i, C_T) = f(S_j(i, C_T)) - f(S_j)$ を最大化する分割を S_{j+1} とする．

Step 3： $j = 0, 1, \ldots$ について Step 2 を繰り返し，最大化した Δ_j が 0 または負になったら，S_j をクラスタリング結果として採用する．

この手法も最適化関数 f の選択によって，クラスタリング結果が異なる．典型的な最適化関数としては，

6.3 交換法

$$f(S) = -\sum_{k=1}^{K} \sum_{i,j \in C_k} d_{ij} \left(\text{または} = \frac{1}{\sum_{k=1}^{K} \sum_{i,j \in C_k} d_{ij}}\right) \quad (6.14)$$

$$f(S) = \sum_{k=1}^{K} \frac{\sum_{i,j \in C_k} d_{ij}}{\sum_{i \in C_k, j \in S - C_k} d_{ij}} \quad (6.15)$$

があげられる．(6.14) は，同一のクラスターに属する対象間の非類似性の和を，すべてのクラスターについて加えたものに基づく量であり，(6.15) は，同一のクラスターに属する非類似性の和と，異なるクラスターに属する対象間の非類似性の和の比を，すべてのクラスターについて加えた量である．(6.14)，(6.15) で与えられる数値はクラスタリング結果のよさを表す．この他にも，各クラスターに属する対象の個数で重みをつけたものなどが考えられる．

交換法もあらかじめクラスター数が決められている際に適している手法である．なお，1 回の交換で Δ_j を評価する回数は $\sum_{i=1}^{K} n_i(n - n_i)$ 回であり，n が大きいときは相当な数になる．それでも交換法において，1 回の交換で実際に計算する必要がある量は，近傍系を設定しない場合に比べて，かなり限定的であることがわかる．

ここで参考までに，最適化関数が (6.14) の最初の場合の Δ_j を求めてみる．

$$S_j = \{C_1, C_2, \ldots, C_A, C_B, \ldots, C_K\}$$
$$S_{j+1} = \{C_1, C_2, \ldots, C_A - \{p\}, C_B + \{p\}, \ldots, C_K\}$$

とする．つまり，対象 p がクラスター C_A から C_B へ移動したとしよう．このとき，

$$\begin{aligned}
f(S_j) &= -\sum_{k=1}^{K} \sum_{i,j \in C_k} d_{ij} \\
&= -\left(\sum_{i,j \in C_1} d_{ij} + \cdots + \sum_{i,j \in C_A} d_{ij} + \sum_{i,j \in C_B} d_{ij} + \cdots + \sum_{i,j \in C_K} d_{ij}\right)
\end{aligned}$$

$$= -\left(\sum_{i,j \in C_1} d_{ij} + \cdots + \sum_{j \in C_A}(d_{pj}+d_{jp}) + \sum_{i(\neq p), j \in C_A}(d_{ij}+d_{ji})\right.$$
$$\left. + \sum_{i,j \in C_B} d_{ij} + \cdots + \sum_{i,j \in C_K} d_{ij}\right)$$

$$f(S_j(p, C_B)) = -\left(\sum_{i,j \in C_1} d_{ij} + \cdots + \sum_{i(\neq p), j \in C_A}(d_{ij}+d_{ji})\right.$$
$$\left. + \sum_{j \in C_B}(d_{pj}+d_{jp}) + \sum_{i,j \in C_B} d_{ij} + \cdots + \sum_{i,j \in C_K} d_{ij}\right)$$

となるので，

$$\begin{aligned}\Delta_j(p, C_B) &= f(S_j(p, C_B)) - f(S_j) \\ &= \sum_{j \in C_A}(d_{pj}+d_{jp}) - \sum_{j \in C_B}(d_{pj}+d_{jp}) \\ &= 2\left(\sum_{j \in C_A} d_{pj} - \sum_{j \in C_B} d_{pj}\right)\end{aligned}$$

となる．図 6.5 は，交換の前後のクラスターの状況を表している．変化しているのは，p のみである．

6.4 接続法

この節では，接続法 (seriation method) について説明する．

6.4.1 単一接続法

単一接続法 (one-by-one seriation method) では，最初に適当な対象を選択し，この対象に次々と対象を接続していく手法である．接続する対象は，以下で定義する接続指標 (linkage measure) によって定まる．対象全体の集合を C としたとき，単一接続法のアルゴリズムは以下のように表される．

6.4 接続法

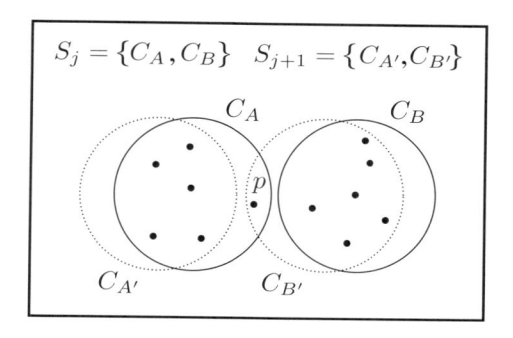

```
S_j = {C_A, C_B}   S_{j+1} = {C_{A'}, C_{B'}}
         C_A              C_B
                  p
       C_{A'}      C_{B'}
```

図 6.5 交換法

アルゴリズム I は，1つの対象から始めて，順次対象を接続していき，最後には対象全体を1つに接続する．

アルゴリズム I

Step 1： C に属する対象から適当に i_1 を選択し，$C_I = \{i_1\}$ とする．

Step 2： C_I に対して，接続指標 $\ell(i^*, C_I)$ を最大にする $i^* (\in C - C_I)$ を C_I の最後の対象として，C_I に接続する．

Step 3： $C_I = C$ となるまで Step 2 を繰り返す．

接続指標

接続指標は，$C_I (\subset C)$ と $i^* (\in C - C_I)$ に対して，類似性 s_{ij} $(i, j \in C)$ に基づき定義される．以下に，主な接続指標を示す．

$$\ell_s(i^*, C_I) = \max_{j \in C_I} s_{i^* j} \quad \text{(単連結)} \tag{6.16}$$

$$\ell_c(i^*, C_I) = \min_{j \in C_I} s_{i^* j} \quad \text{(完全連結)} \tag{6.17}$$

$$\ell_{sum}(i^*, C_I) = \sum_{j \in C_I} s_{i^* j} \quad \text{(和連結)} \tag{6.18}$$

$$\ell_a(i^*, C_I) = \frac{1}{n_I} \sum_{j \in C_I} s_{i^* j} \qquad \text{(平均連結)} \qquad (6.19)$$

$$\ell_\ell(i^*, C_I) = s_{i^* i_{\text{last}}} \qquad \text{(鎖連結)} \qquad (6.20)$$

ただし，i_{last} は最後に C_I に接続された対象を表している．

次のアルゴリズム II は，接続指標がある閾値 π より小さくなったら接続をやめ，新たに接続されていない対象を選択し，その対象に残りの対象を接続させるというものである．最後には，いくつかの接続されたクラスターと対象のみのクラスターからなる分割を与える．

アルゴリズム II

Step 1： C に属する対象から適当に i_1 を選択し，$C_1 = \{i_1\}$ とする．

Step 2： C_K に対して，接続指標 $\ell(i^*, C_K)$ を最大にする $i^*\ (\in C - \bigcup_K C_K)$ を探す．$\ell(i^*, C_K) \geq \pi$ であれば，i^* を C_K の最後の対象として，C_K に接続する．$\ell(i^*, C_K) \geq \pi$ である限り，C_K を更新しながらこの操作を繰り返す．$\ell(i^*, C_K) < \pi$ となったら，Step 3 に進む．

Step 3： 新たに $C - \bigcup_K C_K$ から i_{K+1} を選択し，$C_{K+1} = \{i_{K+1}\}$ とし，Step 2 に戻る．

Step 4： $K = 1, 2, \ldots$ に対して，$\bigcup_K C_K = C$ となるまで Step 2, 3 を繰り返す．

なお，このアルゴリズムにおいて閾値 π は，接続指標に応じて適宜設定する．

当然ながら，単一接続法のクラスタリング結果は，最初の対象の選択や接続指標の選択に依存する．

図 6.6 は，同一データに対して，アルゴリズム I および接続指標 ℓ_s, ℓ_c, ℓ_{sum}, ℓ_ℓ を用いた場合のクラスタリング結果である．最初の対象は，すべて同一であるがクラスタリング過程や結果は異なる．図 6.7 は，図 6.6 と同じデータに対して，アルゴリズム II および接続指標 ℓ_c を用いた場合のクラスタリング結果である．アルゴリズム I の場合は，最終的には必ず 1 つのクラスターになるが，アルゴリズム II の場合はいくつのクラスターができるか事

前にはわからないことに注意しておく．

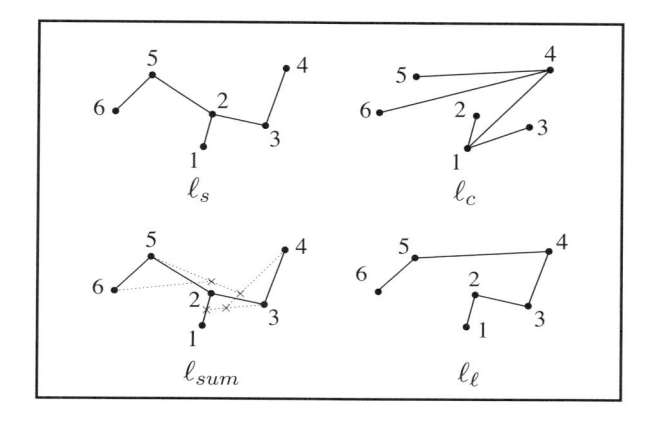

図 6.6 単一接続法 I

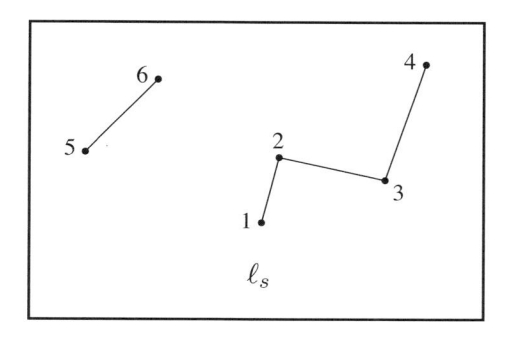

図 6.7 単一接続法 II

6.4.2 局所探索接続法

局所探索法のアプローチにおける接続法を述べる．対象全体の集合を C, 近傍系を $N(C_I) = \{C_I + \{i\} | i \in C - C_I\}$ とし，最適化関数を $f(C_I)$ とする．このとき，局所探索接続法 (local search seriation method) のアルゴリズムは以下のように表すことができる．

アルゴリズム

Step 1： C に属する対象から適当に i_1 を選択し，$C_I = \{i_1\}$ とする．

Step 2： $\Delta(i^*, C_I) = f(C_I + \{i^*\}) - f(C_I)$ を最大にする i^* を C_I に接続する．

Step 3： $C_I = C$ となるまで Step 2 を繰り返す．

最適化関数

最適化関数は，$C_I \ (\subset C)$ に対して，類似性 $s_{ij} \ (i, j \in C)$ に基づき定義される．以下に，主な最適化関数を示す．

$$L_{SUM}(C_I) = \sum_{i,j \in C_I} s_{ij} \tag{6.21}$$

$$L_A(C_I) = \frac{1}{n_I(n_I - 1)} \sum_{i,j \in C_I} s_{ij} \tag{6.22}$$

$$L_L(C_I) = \sum_k s_{i_{k-1} i_k} \tag{6.23}$$

ただし，$s_{ii} = 0$ とし，$L_L(C_I)$ においては，C_I が $i_1, i_2, \ldots, i_k, i_{k+1}, \ldots, i_{n_I}$ の順に接続されたことを仮定している．

最適化関数を $L_{SUM}(C_I)$ とした場合，

$$\begin{aligned}
\Delta(i^*, C_I) &= L_{SUM}(C_I + \{i^*\}) - L_{SUM}(C_I) \\
&= \sum_{i,j \in C_I} s_{ij} + \sum_{j \in C_I} (s_{i^*j} + s_{ji^*}) - \sum_{i,j \in C_I} s_{ij} \\
&= \sum_{j \in C_I} (s_{i^*j} + s_{ji^*}) \\
&= 2 \sum_{j \in C_I} s_{i^*j} \tag{6.24}
\end{aligned}$$

となり，接続指標を $\ell_{sum}(i^*, C_I)$ とした場合の単一接続法のクラスタリング結果と同じ結果を与える．また，最適化関数を $L_L(C_I)$ とした場合，

6.4 接続法

$$\Delta(i^*, C_I) = L_L(C_I + \{i^*\}) - L_L(C_I)$$
$$= \sum_{k}^{n_I+1} s_{i_{k-1}i_k} - \sum_{k}^{n_I} s_{i_{k-1}i_k}$$
$$= s_{i_{n_I}i_{n_I+1}} \tag{6.25}$$

となり，接続指標を $\ell_\ell(i^*, C_I)$ とした場合の単一接続法のクラスタリング結果と同じ結果を与える．

局所探索接続法においても，単一接続法のアルゴリズム II に準じるものを定義できるが，ここでは省略する．

6.4.3 拡張局所探索接続法

上述の接続法では，いったん接続された対象がクラスターから分離されることはない．しかしながら，場合によっては，接続された対象を分離したほうがよいクラスタリングを与える場合がある．そこでここでは，近傍系を $N(C_I) = \{(C_I + \{i\}) \cup (C_I - \{j\}) | i \in C - C_I, j \in C_I\}$ と拡大した拡張局所探索接続法 (extended local search seriation method) について述べる．

アルゴリズム

Step 1: C に属する対象から適当に i_1 を選択し，$C_I = \{i_1\}$ とする．

Step 2: $i \in C - C_I$, $j \in C_I$ に対して，$\Delta_1(i, C_I) = f(C_I + \{i^*\}) - f(C_I)$ を最大にする i を i^* とし，$\Delta_2(j, C_I) = f(C_I - \{j\}) - f(C_I)$ を最大にする j を j^* とする．$i^* \geq j^*$ であれば，i^* を C_I に接続し，$i^* < j^*$ であれば，j^* を C_I から分離する．

Step 3: $C_I = C$ となるまで Step 2 を繰り返す．

最適化関数については，通常の局所探索接続法と同様である．また，拡張局所探索接続法においても，単一接続法のアルゴリズム II に準じるものを定義することができる．

6.5 クラスタリング結果の表現

非階層的クラスタリングの結果の表現法にはいくつかある．既述の議論にもあるように，分割それ自体が結果の表現といえる．これに関連して，分割の表現として定義行列 (indicator matrix) や同値関係 (equivalence relation) がある．

また，視覚的に結果を表現する方法として，グラフを用いた表現や MDS を利用した表現もよく利用される．本節では，これらについて紹介する．

6.5.1 分割の表現

n 個の対象全体の集合 C のクラスタリング結果が分割 $S = \{C_1, C_2, \ldots, C_m\}$ の形で与えられているとする．ここでは，分割 S の数学的な表現法をいくつか述べる．

同値関係

まず，同値関係 (equivalence relation) および同値類 (equivalence class) を定義する．対象間の関係 $\sim$ が次の3つの性質を満たすとき，同値関係という．

1) 反射性：$u \sim u$
2) 対称性：$u \sim v$ ならば $v \sim u$
3) 推移性：$u \sim v$ かつ $v \sim w$ ならば $u \sim w$

同値関係 $\sim$ と対象 u に対して，$u \sim v$ なる対象 v をすべて集めたものを対象 u の同値関係 $\sim$ に関する同値類という．

ここで，$a \sim b$ を「$a, b \in X$ なる集合 C の分割 S による部分 X がある」と定義すれば，関係 $\sim$ は同値関係となり，次を満たす．

「分割 S による集合 C の部分 X に対して，$p \in X$ ならば $X = \{x \in C \mid p \sim x\}$ である」

この同値関係 $\sim$ を分割によって定まる同値関係といい，分割を定めることと同値関係を定めることは同義である．この同値関係 $\sim$ に対して，次の3つの命題は同値である．

1) $X \in S$
2) C のある対象 p に対して，$X = \{x \in C | p \sim x\}$ である．
3) X は，C のある対象 p の同値関係 $\sim$ に関する同値類である．

また，集合 C の対象の同値関係 $\sim$ に関する同値類をすべて集めて得られる集合は集合 C の分割になる．

定義行列

同値関係より直感的な表現法として，定義行列 (definition matrix) による表現がある．視覚的なものよりは，理解しづらいが数学的な取り扱いは容易である．

$n \times m$ の 2 値行列 $\boldsymbol{B}$ を以下で定める．

$$\boldsymbol{B} = (b_{ij}) \quad (i = 1, 2, \ldots, n;\ j = 1, 2, \ldots, m) \tag{6.26}$$

ここで，

$$b_{ij} = \begin{cases} 1 & (i \in C_j) \\ 0 & (i \notin C_j) \end{cases} \tag{6.27}$$

である．この 2 値行列 $\boldsymbol{B}$ では，第 i 行が各対象を表し，第 j 列が各クラスターを表している．対象 i がクラスター j に属しているとき，$\boldsymbol{B}$ の (i, j) 成分は 1 となり，そうでなければ 0 となる．

$\boldsymbol{B}$ を用いて，n 次の定義行列 $\boldsymbol{R}$ は次のように定義される．

$$\boldsymbol{R} = \boldsymbol{B}\boldsymbol{B}' \tag{6.28}$$

ここで，$\boldsymbol{B}'$ は $\boldsymbol{B}$ の転置行列を表している．定義行列の行と列はどちらも対象を表している．対象 i と対象 j が同じクラスターに属しているとき，$\boldsymbol{R}$ の (i, j) 成分は 1 となり，そうでなければ 0 となる．$\boldsymbol{R}$ は類似性行列になることを注意しておく．定義行列はグラフ理論における接続行列と同じものである．

定義行列は分割によって定まる同値関係 $\sim$ を用いて，次のように定義することも可能である．

$$\boldsymbol{R} = (r_{ij}) \quad (i, j = 1, 2, \ldots, n) \tag{6.29}$$

ここで，

$$r_{ij} = \begin{cases} 1 & (i \sim j) \\ 0 & (i \not\sim j) \end{cases} \quad (6.30)$$

である．

さらに，各クラスターの数を対角成分にもつ行列を次のように定義できる．

$$\boldsymbol{B}'\boldsymbol{B} = \mathrm{diag}(n_k) \quad (k = 1, 2, \ldots, m) \quad (6.31)$$

定義行列以外にも，$\boldsymbol{B}$ を用いて分割を表す n 次の類似性行列 $\boldsymbol{P}_R$ を，以下のように定義することができる．

$$\boldsymbol{P}_R = \boldsymbol{B}(\boldsymbol{B}'\boldsymbol{B})^{-1}\boldsymbol{B}' \quad (6.32)$$

ここで，$\boldsymbol{P}_R = (p_{ij})$ $(i, j = 1, 2, \ldots, n)$ とすれば，

$$p_{ij} = \begin{cases} \dfrac{1}{n_k} & (i, j \in C_k) \\ 0 & （その他） \end{cases} \quad (6.33)$$

となる．これは，クラスターに属する対象の個数を考慮した類似性行列と考えることができる．

たとえば，クラスタリング結果として，分割 $S = \{\{1,2\}, \{3,4\}, \{5,6,7\}\}$ が得られたとしよう．このとき，2値行列および定義行列は次のように求められる．

$$\boldsymbol{B} = \begin{pmatrix} 1 & 0 & 0 \\ 1 & 0 & 0 \\ 0 & 1 & 0 \\ 0 & 1 & 0 \\ 0 & 0 & 1 \\ 0 & 0 & 1 \\ 0 & 0 & 1 \end{pmatrix}, \quad \boldsymbol{R} = \boldsymbol{B}\boldsymbol{B}' = \begin{pmatrix} 1 & 1 & 0 & 0 & 0 & 0 & 0 \\ 1 & 1 & 0 & 0 & 0 & 0 & 0 \\ 0 & 0 & 1 & 1 & 0 & 0 & 0 \\ 0 & 0 & 1 & 1 & 0 & 0 & 0 \\ 0 & 0 & 0 & 0 & 1 & 1 & 1 \\ 0 & 0 & 0 & 0 & 1 & 1 & 1 \\ 0 & 0 & 0 & 0 & 1 & 1 & 1 \end{pmatrix} \quad (6.34)$$

また，クラスター数の行列および類似性行列は次のように求められる．

$$\boldsymbol{B'B} = \begin{pmatrix} 2 & 0 & 0 \\ 0 & 2 & 0 \\ 0 & 0 & 3 \end{pmatrix}, \qquad \boldsymbol{P}_R = \begin{pmatrix} \frac{1}{2} & \frac{1}{2} & 0 & 0 & 0 & 0 & 0 \\ \frac{1}{2} & \frac{1}{2} & 0 & 0 & 0 & 0 & 0 \\ 0 & 0 & \frac{1}{2} & \frac{1}{2} & 0 & 0 & 0 \\ 0 & 0 & \frac{1}{2} & \frac{1}{2} & 0 & 0 & 0 \\ 0 & 0 & 0 & 0 & \frac{1}{3} & \frac{1}{3} & \frac{1}{3} \\ 0 & 0 & 0 & 0 & \frac{1}{3} & \frac{1}{3} & \frac{1}{3} \\ 0 & 0 & 0 & 0 & \frac{1}{3} & \frac{1}{3} & \frac{1}{3} \end{pmatrix} \qquad (6.35)$$

6.5.2 グラフによる表現

5.1節で述べたように，クラスタリング結果の表現法としてグラフを利用することができる．非階層的クラスタリング法の結果は，階層的クラスタリング法のそれから階層構造の情報を除いたものであるから，一般のグラフおよび接続行列や距離行列により表現することができる．グラフについては 6.3.1 項参照．

6.5.3 多次元尺度構成法の併用

行列を用いたクラスタリング結果の表現は直感的ではなく，特に，解析する対象の数が多くなった場合の解釈は困難である．グラフによる表現も対象の数が多くなった場合には，あまり有用でない．

通常の多変量データを解析している場合，対象は多次元空間上の点として表現できるが，一般には高次元空間となるので，そのままで視覚化することは難しい．そこで，原データから生成した関連性データに MDS を適用し，対象を 2 次元あるいは 3 次元空間に付置し，それらの対象をクラスターごとに円や楕円で囲んだり，色をつけたりして，視覚化することが有用である．

ところで，解析データが非類似性データの場合は通常の多変量データのように多次元空間の点としても表すことができない．この場合，所与のデータの尺度水準に対応して適当な MDS を適用すれば，上記と同様の方法でクラスタリング結果の視覚化が可能である．なお，階層的クラスタリングの場合の例として，図 1.3，図 2.9，図 3.2，図 4.10 を参照されたい．

6.6 クラスター数の決定

これまで述べてきた非階層的手法の多くは，あらかじめクラスター数が決められているときに対象をクラスターに分類する方法であった．しかし，実際の応用の場面では，あらかじめクラスター数がわかっていることのほうが稀である．ここでは，クラスター数の決定について述べる．

対象の数を n とすれば，クラスター数 m が $1 \leq m \leq n$ となることは当然であるが，この範囲すべての場合についてクラスタリングを行い，その中から適当なものを選択するということは現実的ではない．逆に，特定の1つの m についてのみ検討することも危険である．そこで，クラスターの個数をある程度の幅で複数個の可能性を考え，その範囲でそれぞれのクラスター数を仮定したクラスタリングを行うことを考える．このようにして得られた複数個の結果の中から，ある意味で最も適当なものを選択すればよい．選択基準はさまざまなものがあるが，第7章で述べるさまざまな適合性指標に基づいて選択することも1つの方法である．クラスター数の選択に関しては，Milligan and Cooper (1985) が詳しい．

6.7 数値例と設問

6.7.1 アイリスの多変量データの解析例

ここでは，統計科学の中で非常に有名な Fisher のアイリスデータ (Fisher, 1936) を非階層的手法を用いて解析する．Fisher は3種類のアイリスそれぞれ50個体について，弁や萼片(がく)について4つの変量を測定した（表6.1参照）．このデータは外的基準（ここでは種名）のある多変量データと考えることが普通であり，通常はクラスター分析を適用することはない．しかし，クラスタリング結果を評価する際には非常にわかりやすいので，種名を除いた4変量のデータに対して，並行 k-means 法（一般には k-means 法とよばれている）を用いて解析する．

クラスター数を 2, 3, 4 にした場合の解析結果の一部を表6.2に与える．この表から，それぞれのクラスター数の場合に，各対象がどのクラスターに属

表 6.1 アイリスデータ

対象	種名	弁の幅	弁の長さ	萼片の幅	萼片の長さ
1	I. Setosa	2.0	14.0	33.0	50.0
2	I. Verginica	24.0	56.0	31.0	67.0
3	I. Verginica	23.0	51.0	31.0	69.0
4	I. Setosa	2.0	10.0	36.0	46.0
5	I. Verginica	20.0	52.0	30.0	65.0
6	I. Verginica	19.0	51.0	27.0	58.0
7	I. Versicolo	13.0	45.0	28.0	57.0
⋮	⋮	⋮	⋮	⋮	⋮
150	I. Setosa	2.0	15.0	37.0	53.0

するか読み取ることができる．たとえば，対象1は，2クラスターに分類される場合はクラスター1に属し，3クラスターの場合はクラスター3に属し，4クラスターの場合はクラスター3に属する．ここで，2, 3, 4個のクラスターに分類されているとき，属するクラスターのクラスター番号が同じでもクラスター自体は異なることに注意しておく．

表 6.2 アイリスデータの解析結果

対象	2クラスター	3クラスター	4クラスター
1	1	3	3
2	2	2	2
3	2	2	2
4	1	3	3
5	2	2	2
6	2	1	1
7	2	1	1
⋮	⋮	⋮	⋮
150	1	3	4

クラスターごとの各変量の平均値（クラスター中心）を表6.3に与える．各クラスターに属した対象の特徴からいくつかの知見を得ることができる．たとえば，2クラスターの場合，弁の小さなクラスター1と大きなクラスター2に分かれていることがわかる．3クラスターの場合，弁の大きなクラスターがさらにより大きいものと小さいものに分離している．4クラスターの場合，

弁の小さいほうのクラスターがさらに 2 つのクラスターに分離している.

表 6.3 クラスター中心

クラスター	弁の幅	弁の長さ	萼片の幅	萼片の長さ
1	2.9	15.6	33.7	50.1
2	16.9	49.9	28.8	63.0
1	14.4	44.0	27.3	58.7
2	19.9	57.0	30.7	68.3
3	2.5	14.6	34.3	50.1
1	14.4	44.0	27.3	58.7
2	19.9	57.0	30.7	68.3
3	2.0	14.1	31.2	47.0
4	2.8	15.0	36.7	52.5

さらに,この結果を MDS を用いて視覚化したものが図 6.8～図 6.10 である.各対象はその対象が属するクラスターの番号で表示され,クラスター中心を黒丸で表している.視覚化することにより,クラスターどうしの関係をより明確に表現することができ,直感的な解釈も可能になる.たとえば,連続的にこれらの図を見ることにより,2 クラスターの際のクラスター 2 が 2 つに分かれて,3 クラスターの場合のクラスター 1 と 2 になったことがわかる.また,同様に,3 クラスターの際のクラスター 3 が,4 クラスターの際のクラスター 3 と 4 に分離したことがわかる.クラスター中心を視覚的に表現したことにより,各クラスター中心間の距離関係を容易に読み取ることができる.より数理的な結果の比較については第 7 章を参照されたい.

通常はここまでの解釈で限界であるが,今回は外的基準(種名)が与えられているので,各クラスターごとにそれぞれの種の個体の属する個数をまとめることができる(表 6.4 参照).2 クラスターの場合,I. Setosa の 50 個体がすべてクラスター 1 に属し,その他の種はほとんどクラスター 1 に属していない.つまり,I. Setosa のクラスターとそれ以外のクラスターに分類されたといえる.3 クラスターの場合,I. Setosa をすべて含むクラスター,I. Versicolo のほとんどと I. Verginica の一部を含むクラスター,I. Verginica の多くと I. Versicolo の一部を含むクラスターに分類されている.4 クラスターの場合は,I. Setosa のクラスターがさらに 2 つのクラスターに分離している.

6.7 数値例と設問

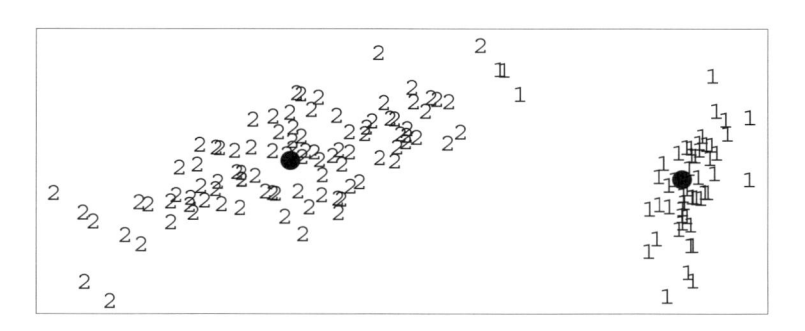

図 6.8 2クラスター表示

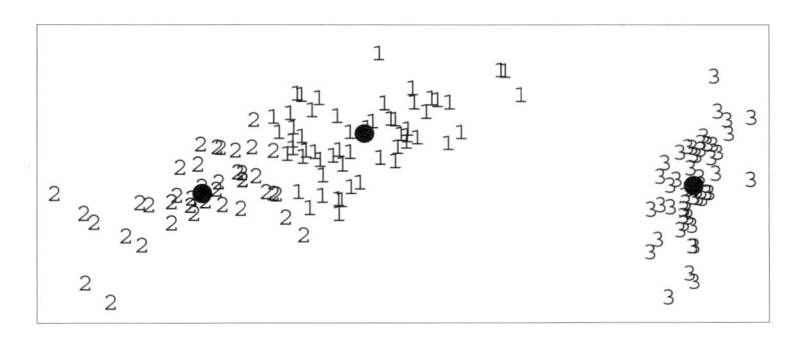

図 6.9 3クラスター表示

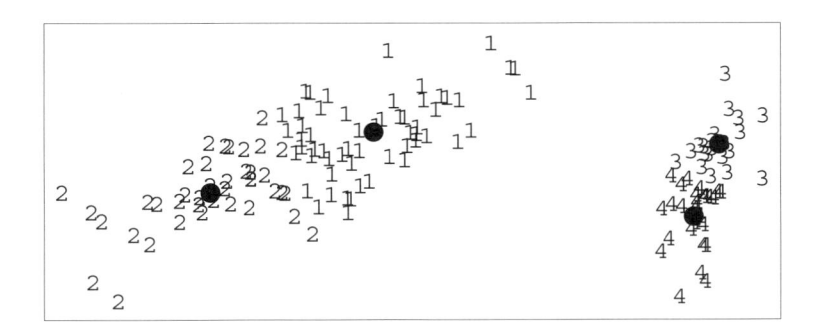

図 6.10 4クラスター表示

表 6.4 種とクラスター

クラスター	I. Setosa	I. Verginica	I. Versicolo	計
1	50	0	3	53
2	0	50	47	97
計	50	50	50	150
1	0	14	45	59
2	0	36	5	41
3	50	0	0	50
計	50	50	50	150
1	0	14	45	59
2	0	36	5	41
3	22	0	0	22
4	28	0	0	28
計	50	50	50	150

6.7.2 設問

1) データにタイがある場合について，本章で取り上げたアルゴリズムやクラスタリング結果にどのような影響があるか考察せよ．

2) データが非類似性行列で与えられ，かつ，非対称である場合についての非階層的クラスター分析法について考察せよ．

3) いくつかの数値例に対して，さまざまな手法を適用することにより，手法の特徴を考察せよ．

第7章

クラスタリングの評価法

7.1 はじめに

既述のように，クラスタリング法には多くの手法が存在し，同じデータを解析しても，手法によってクラスタリング結果が異なることが一般的である．

クラスタリング結果を評価するには，大きく分けて以下の3つの観点がある．

1) 入力データとクラスタリング結果の比較によるもの（適合性基準や非適合性基準による評価）．
2) クラスタリング結果自体のある種の良さによるもの（さまざまな指標による評価）．
3) 同じデータを解析した複数のクラスタリング結果の比較によるもの．

本章では，階層的クラスタリング法や非階層的クラスタリング法を用いた解析の結果として得られた階層構造や分割の評価について，上の3つの観点から議論する．あわせて，クラスタリング法の評価法として，決定論における許容性の概念を用いる方法についても述べる．

その他のクラスタリング結果の評価法として，統計的仮説検定を用いるものもあるが，あまり一般的ではないのでここではふれない．評価法に関する詳細は，Gordon (1999, Chapter 7)，Milligan (1981)，Milligan and Cooper (1985, 1986) を参照されたい．

7.2 階層構造の評価

本節では,対象が階層的手法によってクラスタリングされている場合の結果,すなわち,結合距離の情報をもつ階層構造について,適合性基準による評価を説明する.

階層的手法によるクラスタリング結果はデンドログラムによって表すことができる.このとき,すべての対象の対 (i,j) に対して,結合距離 h_{ij} を計算することができ,超距離の性質を満たす.与えられた対象間の非類似性 d_{ij} ($i,j = 1,2,\ldots,n$) とクラスタリング結果から計算された h_{ij} ($i,j = 1,2,\ldots,n$) との一致の度合を,クラスタリング結果の良さを測る指標として考えることができる.一致の度合を測る指標はいくつか提案されているが,以下に代表的なものをあげる.

a) 2乗誤差基準

$$\alpha_1 = \sum_{i,j \in C} w_{ij}(d_{ij} - h_{ij})^2 \tag{7.1}$$

ここで,w_{ij} は重みを表し,通常は $w_{ij} = 1$ ($i,j \in C$) や $w_{ij} = 1/\sum_{k,\ell \in C} d_{k\ell}^2$ ($i,j \in C$) を用いることが多い.

b) ミンコフスキー基準

$$\alpha_2 = \begin{cases} \left(\sum_{i,j \in C} |d_{ij} - h_{ij}|^{\frac{1}{\lambda}} \right)^\lambda & (0 < \lambda \leq 1) \\ \max_{i,j \in C} |d_{ij} - h_{ij}| & (\lambda = 0) \end{cases} \tag{7.2}$$

c) Cophen 係数

$$\alpha_3 = \frac{\sum_{i,j \in C}(d_{ij} - \bar{d})(h_{ij} - \bar{h})}{\left(\sum_{i,j \in C}(d_{ij} - \bar{d})^2 \sum_{i,j \in C}(h_{ij} - \bar{h})^2 \right)^{1/2}} \tag{7.3}$$

ここで,

$$\bar{d} = \frac{1}{n(n-1)} \sum_{i,j \in C} d_{ij}, \quad \bar{h} = \frac{1}{n(n-1)} \sum_{i,j \in C} h_{ij} \tag{7.4}$$

である．この係数には，$-1 \leq \alpha_3 \leq 1$ という性質がある．

指標 a), b), c) は，非類似性および結合距離の数値を利用した指標である．以下にあげる指標はそれらの順位を利用したものである．

d) Spearman の順位相関係数

$$\alpha_4 = \frac{N(N^2-1) - (T_d - T_h)/2 - 6\sum_{i,j \in C, i>j}(d_{ij} - h_{ij})^2}{((N(N^2-1) - T_d)(N(N^2-1) - T_h))^{1/2}} \tag{7.5}$$

ここで，

$$N = \frac{1}{2}n(n-1), \quad T_d = \sum_{i,j \in C, i>j} t_d(t_d^2 - 1), \quad T_h = \sum_{i,j \in C, i>j} t_h(t_h^2 - 1) \tag{7.6}$$

である．ただし，t_d, t_h は，それぞれ，$d_{ij} = d_{i'j'}$ となる一つながりの同順位の個数であり，$h_{ij} = h_{i'j'}$ となる一つながりの同順位の個数である．

e) Kendall の順位相関係数

まず，いくつかの関数を定義する．

$$d_{ijk\ell} = \mathrm{sgn}(d_{ij} - d_{k\ell}), \quad h_{ijk\ell} = \mathrm{sgn}(h_{ij} - h_{k\ell}) \tag{7.7}$$

とする．ただし，

$$\mathrm{sgn}(t) = \begin{cases} 1 & (t > 0) \\ 0 & (t = 0) \\ -1 & (t < 0) \end{cases} \tag{7.8}$$

である．これらを用いると，Kendall の順位相関係数は以下のように定義される．

$$\alpha_5 = \frac{C - D}{((N(N-1)/2 - T_d')(N(N-1)/2 - T_h'))^{1/2}} \tag{7.9}$$

ここで，

$$N = \frac{n(n-1)}{2} \tag{7.10}$$

である．また，

$$C = \mathcal{N}(d_{ijk\ell} h_{ijk\ell} = 1) \qquad (i<j, k<\ell) \tag{7.11}$$
$$D = \mathcal{N}(d_{ijk\ell} h_{ijk\ell} = -1) \qquad (i<j, k<\ell) \tag{7.12}$$
$$T'_d = \mathcal{N}(d_{ijk\ell} = 0) \qquad (i<j, k<\ell) \tag{7.13}$$
$$T'_h = \mathcal{N}(h_{ijk\ell} = 0) \qquad (i<j, k<\ell) \tag{7.14}$$

である．なお，$\mathcal{N}(A)$ は命題 A が成り立つ回数を表している．

f) Goodman-Kruskal の順序連関係数

$$\alpha_6 = \frac{C-D}{C+D} \tag{7.15}$$

ここで，C, D は Kendall の順位相関係数で定義した量である．

なお，指標 α_4, α_5, α_6 はいずれも -1 以上 1 以下の値をとる．

以上はクラスタリング結果としての，階層構造の評価である．実際にクラスター分析を行う際には，何らかの方法で具体的にクラスターを決定する必要がある．つまり，クラスターの個数を定め，どの対象がどのクラスターに属するかを決定する必要がある．これは，階層構造のどの段階のクラスター（分割）をクラスタリング結果として選択するかという問題である．

クラスター数の客観的な決定については，個々の分割を以下で取り上げる指標（7.3 節参照）で評価することにより行うことができる．

7.3 分割の評価

ここでは，クラスタリング結果が n 個の対象全体の集合 C の分割 $S = \{C_1, C_2, \ldots, C_m\}$ として表されている場合について，分割 S に関するさまざまな評価基準について述べる．なお，手法によらず，結果が分割で与えられていれば，ここで述べる方法で評価することができる．

7.3.1 適合性基準による評価

適合性基準による分割の評価については，数多くの指標が提案されている (Milligan, 1981)．その中には計量的な指標と非計量的な指標が含まれる．計量的な指標は，原データと解析結果から得られる値の相関に基づくものであり，非計量的な指標はそれらの順位相関に基づくものである．ここで，計量的あるいは非計量的とは，1.5.2 項で述べた広義の意味である．以下，代表的なもののみ取り上げて紹介する．

準備として，定義関数 r_{ij} $(i,j=1,2,\ldots,n)$ を次式で定義する．

$$r_{ij} = \begin{cases} 1 & (i,j \in C_K) \\ 0 & (i \in C_K, j \in C - C_K) \end{cases} \tag{7.16}$$

つまり，r_{ij} は i と j が同じクラスターに属するとき 1 となり，異なるクラスターに属するとき 0 となる．すなわち，クラスタリング結果（分割）における対象間の関係は，定義関数を用いて 2 値で表すことができる．r_{ij} はクラスタリング結果における対象間の類似性と考えることができるので，$1 - r_{ij}$ とすれば，それらの間の非類似性と考えることができる．

計量的指標

ここでは，与えられた原データ，すなわち，非類似性 d_{ij} $(i,j=1,2,\ldots,n)$ とクラスタリング結果から得られる対象間の非類似性 $1-r_{ij}$ $(i,j=1,2,\ldots,n)$ の間の計量的な適合性指標を定義する．

$$\beta_1(d_{ij}, 1 - r_{ij}) = \frac{(d_b - d_w)(n_b n_w)^{1/2}}{n \sigma_d} \tag{7.17}$$

ここで，σ_d は d_{ij} の標準偏差である．また，d_w は同一クラスターに属する対象間の非類似性の平均，d_b は異なるクラスターに属する対象間の非類似性の平均である．7.3.3 項で定義される式で表せば，

$$d_w = P_{\text{mean}}(\phi_1), \quad d_b = Q_{\text{mean}}(\psi_1) \tag{7.18}$$

である．また，

$$n_b = \sum_{K=1}^{m} n_k(n - n_K), \quad n_w = \frac{1}{2}\sum_{K=1}^{m} n_K(n_K - 1) \qquad (7.19)$$

である．すなわち，n_b は同一クラスターに属する対象間の非類似性の個数であり，n_w は異なるクラスターに属する対象間の非類似性の個数である．

非計量的指標

ここでは，原データの非類似性 d_{ij} $(i,j = 1, 2, \ldots, n)$ と，解析結果から定義関数により定められた非類似性 $1 - r_{ij}$ $(i,j = 1, 2, \ldots, n)$ の間の非計量的な適合性指標を定義する．

$$\beta_2(d_{ij}, 1 - r_{ij}) = \frac{(s_+ - s_-)}{((n(n-1) - n_s)n(n-1))^{1/2}} \qquad (7.20)$$

ここで s_+, s_- は，それぞれ，同一クラスターに属する対象間非類似性の値が異なるクラスターに属する対象間の非類似性の値より小さくなる個数であり，そうならない個数である．また，n_s は対象 i と対象 j が同じクラスターに属し，対象 k と対象 ℓ が異なるクラスターに属するような，四つ組 $((i,j),(k,\ell))$ の個数である．これらを次の2つの順序対からなる四つ組の集合

$$\mathcal{A}_1 = \{\{(i,j),(k,\ell)\}|\, d_{ij} < d_{k\ell}, i \neq j, k \neq \ell\} \qquad (7.21)$$

$$\mathcal{A}_2 = \{\{(i,j),(k,\ell)\}|\, d_{ij} \geq d_{k\ell}, i \neq j, k \neq \ell\} \qquad (7.22)$$

$$\mathcal{B} = \{\{(i,j),(k,\ell)\}|\, r_{ij} = 1, r_{k\ell} = 0\} \qquad (7.23)$$

を用いて定式化すれば，

$$s_+ = g(\mathcal{A}_1 \cap \mathcal{B}) \qquad (7.24)$$

$$s_- = g(\mathcal{A}_2 \cap \mathcal{B}) \qquad (7.25)$$

$$n_s = g(\mathcal{B}) \qquad (7.26)$$

となる．ここで，$g(C)$ は集合 C の要素の個数を表している．

7.3.2 非適合性基準による評価

n 個の対象に関して,原データの非類似性 d_{ij} $(i,j=1,2,\ldots,n)$ と,解析結果としての分割 $S=\{C_1,C_2,\ldots,C_m\}$ が与えられたとする.この分割は,上記 (7.9) の行列 $\boldsymbol{R}=(r_{ij})$ によって定義される.次のように,2つの順序対からなる四つ組の集合を定義する.

$$\mathcal{A} = \{\{(i,j),(k,\ell)\}|\ d_{ij} < d_{k\ell}, i \neq j, k \neq \ell\} \tag{7.27}$$

$$\mathcal{B}_S = \{\{(i,j),(k,\ell)\}|\ r_{ij}=0, r_{k\ell}=1\} \tag{7.28}$$

集合 $\mathcal{A}\cap\mathcal{B}_S$ は,$\mathcal{B}_S$ が $\mathcal{A}$ に対して矛盾する四つ組の集合である.その要素数を $g=g(\mathcal{A}\cap\mathcal{B}_S)$ と記すと,その最大値 h は

$$h = \max g(\mathcal{A}\cap\mathcal{B}_S) = N_S(N-N_S) \tag{7.29}$$

と表される.ただし

$$N = \frac{1}{2}n(n-1),\quad N_S = \frac{1}{2}\sum_{K=1}^{m}n_K(n_K-1) \tag{7.30}$$

とする.

原データ行列 d_{ij} に対して,分割 S の非適合度は次式で与えられる.

$$\gamma(S) = \frac{g(\mathcal{A}\cap\mathcal{B}_S)}{\max g(\mathcal{A}\cap\mathcal{B}_S)} = \frac{g}{h} \tag{7.31}$$

γ は 0 から 1 の間の値をとり,値が大きいほど分割 S の原データに対する適合度は小さい.なお $m=n$ または $m=1$ のとき,γ は未定義とする.

階層的手法の場合には,デンドログラムの各段階ごとに分割が生成される.よって,その分割ごとに γ を計算し,適合度を評価できる.したがって,この指標 γ は,デンドログラムを切断してクラスターを決める基準として有用である.また,同一のデータに複数の手法を適用して得られたデンドログラムの比較にも応用できる(齋藤,1983).

7.3.3 分割の良さに関する指標

分割の良さに関する指標を定義する前に,クラスター C_K $(K=1,2,\ldots,m)$ の集中度 $\phi_i(C_K)$ $(i=1,2,3)$ および孤立度 $\psi_i(C_K)$ $(i=1,2,3)$ に関する指

標を定義する.

$$\phi_1(C_K) = \frac{1}{n_K(n_K-1)} \sum_{i,j \in C_K} d_{ij} \tag{7.32}$$

$$\phi_2(C_K) = \max_{i,j \in C_K} d_{ij} \tag{7.33}$$

$$\phi_3(C_K) = \min_{i,j \in C_K} d_{ij} \tag{7.34}$$

$$\psi_1(C_K) = \frac{1}{n_K(n-n_K)} \sum_{i \in C_K, j \in C-C_K} d_{ij} \tag{7.35}$$

$$\psi_2(C_K) = \max_{i \in C_K, j \in C-C_K} d_{ij} \tag{7.36}$$

$$\psi_3(C_K) = \min_{i \in C_K, j \in C-C_K} d_{ij} \tag{7.37}$$

定義から明らかなように，ϕ_1，ϕ_2，ϕ_3 は，それぞれ，同一のクラスターに属する対象間の非類似性の平均，最大値，最小値である．また，ψ_1，ψ_2，ψ_3 は，それぞれ，異なるクラスターに属する対象間の非類似性の平均，最大値，最小値である．集中度は小さいほうがより良いクラスターとみなされ，孤立度は大きいほうが良いクラスターとみなされる．

これらの指標を用いて，分割の良さに関する指標 P_{mean}，P_{max}，P_{min} および Q_{mean}，Q_{max}，Q_{min} を定義する．

$$P_{\mathrm{mean}}(\phi_h) = \frac{1}{m} \sum_{K=1}^{m} \phi_h(C_K) \quad (h = 1, 2, 3) \tag{7.38}$$

$$P_{\mathrm{max}}(\phi_h) = \max_K \phi_h(C_K) \quad (h = 1, 2, 3) \tag{7.39}$$

$$P_{\mathrm{min}}(\phi_h) = \min_K \phi_h(C_K) \quad (h = 1, 2, 3) \tag{7.40}$$

$$Q_{\mathrm{mean}}(\psi_h) = \frac{1}{m} \sum_{K=1}^{m} \psi_h(C_K) \quad (h = 1, 2, 3) \tag{7.41}$$

$$Q_{\mathrm{max}}(\psi_h) = \max_K \psi_h(C_K) \quad (h = 1, 2, 3) \tag{7.42}$$

$$Q_{\mathrm{min}}(\psi_h) = \min_K \psi_h(C_K) \quad (h = 1, 2, 3) \tag{7.43}$$

P_{mean}，P_{max}，P_{min} は，それぞれ，3種類のクラスターの集中度に関する指標の平均，最大値，最小値であり，この値が小さいほど良い分割だとみなさ

れる．Q_{mean}, Q_{max}, Q_{min} は，それぞれ，3種類のクラスターの孤立度に関する指標の平均，最大値，最小値であり，この値が大きいほど良い分割だとみなされる．

ここで取り上げた指標だけでも 18 種類あり，それぞれ，クラスタリング結果のある意味での「良さ」を測るものである．どの指標を使うべきかは一概に答えの出る問題ではなく，多くの研究者が指標自体の評価について研究に取り組んでいる．

7.3.4 分割の比較

ここでは，同一のデータを解析して得られたクラスタリング結果の比較について述べる．

分割の粗密

分割の性質を表す重要な概念に「粗 (coarse) 密 (fine)」がある．S_α, S_β を集合 C の分割とする．分割 S_α のすべてのクラスターが，分割 S_β のクラスターの和で表されるとき，S_α は S_β より粗である（S_β は S_α より密である）という．

分割の一致

$S_\alpha = \{C_{\alpha 1}, \ldots, C_{\alpha \ell}\}$, $S_\beta = \{C_{\beta 1}, C_{\beta 3}, \ldots, C_{\beta m}\}$ とする．C の対象 k ($k = 1, 2, \ldots, n$) に対して，

$$n_{ij} = \mathcal{N}(k \in C_{\alpha i}, k \in C_{\beta j}) \quad (i = 1, 2, \ldots, \ell; j = 1, 2, \ldots, m) \tag{7.44}$$

$$n_{i.} = \mathcal{N}(k \in C_{\alpha i}) \quad (i = 1, 2, \ldots, \ell) \tag{7.45}$$

$$n_{.j} = \mathcal{N}(k \in C_{\beta j}) \quad (j = 1, 2, \ldots, m) \tag{7.46}$$

$$n = \mathcal{N}(k \in C) = \sum_{i=1}^{\ell} n_{i.} = \sum_{j=1}^{m} n_{.j} = \sum_{i=1}^{\ell} \sum_{j=1}^{m} n_{ij} \tag{7.47}$$

で定義する（表 7.1 参照）．なお，$\mathcal{N}(A)$ は命題 A が成り立つ回数を表している．これらの量を用いて，分割 S_α と分割 S_β との関連を表す指標を定義する

ことができる.

表 7.1 分割の分布

分割	$C_{\beta 1}$	$C_{\beta 2}$	$\cdots$	$C_{\beta m}$	計
$C_{\alpha 1}$	n_{11}	n_{12}	$\cdots$	n_{1m}	$n_{1\cdot}$
$C_{\alpha 2}$	n_{21}	n_{22}	$\cdots$	n_{2m}	$n_{2\cdot}$
$\vdots$	$\vdots$	$\vdots$		$\vdots$	$\vdots$
$C_{\alpha \ell}$	$n_{\ell 1}$	$n_{\ell 2}$	$\cdots$	$n_{\ell m}$	$n_{\ell\cdot}$
計	$n_{\cdot 1}$	$n_{\cdot 2}$	$\cdots$	$n_{\cdot m}$	n

a) 一致係数

$$s(S_\alpha, S_\beta) = \frac{1}{n}\left(n^2 - \sum_{i=1}^{\ell} n_{i\cdot}^2 - \sum_{j=1}^{m} n_{\cdot j}^2 + 2\sum_{i=1}^{\ell}\sum_{j=1}^{m} n_{ij}^2\right) \quad (7.48)$$

b) 不一致係数

$$d(S_\alpha, S_\beta) = \frac{1}{n}\left(\sum_{i=1}^{\ell} n_{i\cdot}^2 + \sum_{j=1}^{m} n_{\cdot j}^2 - 2\sum_{i=1}^{\ell}\sum_{j=1}^{m} n_{ij}^2\right) \quad (7.49)$$

不一致係数 (coefficient of discordance) は，分割 S_α と S_β のハミング距離 (Hamming distance) とよばれることもある．これらの指標においては，データの対称性は考慮されていない．つまり，n^2 の組合せを考慮しているが，実際に考慮すべき対象の組合せは $n(n-1)/2$ 個である．一致係数 (coefficient of concordance) において，n^2 に相当する部分をすべて $n(n-1)/2$ で置き換えた指標は Rand 統計量 (Rand, 1971) とよばれ，分割の評価によく利用されている．

c) Rand 統計量

$$R(S_\alpha, S_\beta) = \frac{1}{n}\left(\binom{n}{2} - \sum_{i=1}^{\ell}\binom{n_{i\cdot}^2}{2} - \sum_{j=1}^{m}\binom{n_{\cdot j}^2}{2} + 2\sum_{i=1}^{\ell}\sum_{j=1}^{m}\binom{n_{ij}^2}{2}\right) \quad (7.50)$$

Rand 統計量を最大値が 1 となり，期待値が 0 となるように修正した，修正 Rand 統計量が Hubert and Arabie (1985) によって提案されている．

d) 修正 Rand 統計量

$$RR(S_\alpha, S_\beta) = \frac{\sum_{i=1}^{\ell}\sum_{j=1}^{m}\binom{n_{ij}^2}{2} - \sum_{i=1}^{\ell}\binom{n_{i\cdot}^2}{2}\sum_{j=1}^{m}\binom{n_{\cdot j}^2}{2}/\binom{n}{2}}{\left(\sum_{i=1}^{\ell}\binom{n_{i\cdot}^2}{2} + \sum_{j=1}^{m}\binom{n_{\cdot j}^2}{2}\right)/2 - \sum_{i=1}^{\ell}\binom{n_{i\cdot}^2}{2}\sum_{j=1}^{m}\binom{n_{\cdot j}^2}{2}/\binom{n}{2}} \tag{7.51}$$

7.3.5 クラスター数の分布を表す指標

分割の良さとは直接関係ないが，分割におけるクラスター数の分布に関する指標がいくつか提案されている．ここでは，その代表的なものである，エントロピー (entropy) $H(S)$ およびジニ係数 (Gini coefficient) $V(S)$ を紹介する．

$$H(S) = -\sum_{K=1}^{m} \frac{n_K}{n} \log_2 \frac{n_K}{n} \tag{7.52}$$

$$V(S) = 1 - \sum_{K=1}^{m} \left(\frac{n_K}{n}\right)^2 \tag{7.53}$$

両方の指数とも，$n_K/n = 1$ のとき，すなわち，すべての対象が 1 つのクラスターに属するとき最小値 0 をとり，$n_K/n = c$（定数）のとき，すなわちクラスターに属する対象の個数がすべて等しいとき最大値をとる．

7.3.6 分割の視覚化による評価

ここでは，Rousseeuw (1987) によって提案されたシルエットプロット (Silhouette plots) とよばれる，クラスターの孤立度を視覚化する方法を述べる．

対象 i がクラスター C_K に属しているとき，以下の量を定義する．

$$s(i) = \begin{cases} \dfrac{b(i) - a(i)}{\max\{a(i), b(i)\}} & (n_K > 2) \\ 0 & (n_K = 1) \end{cases} \tag{7.54}$$

ここで,

$$a(i) = \frac{1}{n_K - 1} \sum_{j \in C_K} d_{ij} \tag{7.55}$$

$$b(i) = \min_L \left\{ \frac{1}{n_L} \sum_{j \in C_L (L \neq K)} d_{ij} \right\} \tag{7.56}$$

である.

$s(i)$ は, $-1 \leq s(i) \leq 1$ を満たす. $s(i) < 0$ のとき, i と最も類似している対象が別のクラスターに属していることを表している. また, $s(i)$ が 1 に近いほど, そのクラスターに「強く」属していることを表している.

表 7.2 シルエットプロット

	対象	$s(i)$	0 0.5 1
	1–1	$s(1\text{–}1)$	*********
C_1	⋮	⋮	⋮
	1–n_1	$s(1\text{–}n_1)$	*******
	2–1	$s(2\text{–}1)$	*********
C_2	⋮	⋮	⋮
	2–n_2	$s(2\text{–}n_2)$	******
⋮	⋮	⋮	⋮
	m–1	$s(m\text{–}1)$	******
C_m	⋮	⋮	⋮
	m–n_m	$s(m\text{–}n_m)$	****

7.4 クラスタリング法の評価

ここでは, 許容性基準によるクラスタリング法の評価について述べる. クラスタリング法の選択法は多くの研究者によって議論されてきたが, あらゆる意味で "最適な" 手法は存在しないとされている. この問題に対して, ク

ラスタリング法が一般的に満足すべき条件を考え，これを満たさない手法を取り除き，より最適な手法を選択するという決定論的な考え方に基づく評価法が，Chen and Van Ness (1994a, 1994b, 1996) によって提案されている．この節ではその代表的なものを紹介し，許容性と LW 法との関係を示す．

7.4.1 代表的な許容性

本項では，クラスタリング法の許容性 (admissibility) について述べる．また，その許容性と LW 法のパラメータの関係について述べる．

a) 正許容性

LW 法の更新距離 $d_{(IJ)K}$ が任意の d_{IJ}, d_{IK}, d_{JK} に対して $\min\{d_{IK}, d_{JK}\} > 0$ であるとき，常に $d_{(IJ)K} > 0$ を満たすならば，LW 法は正許容的 (positive admissible) であるという (Chen and Van Ness, 1994b)．

LW 法の正許容性

LW 法が正許容的であるための必要十分条件は，

$$\gamma \geq -\min\{\alpha_i, \alpha_j\}, \quad \alpha_i + \alpha_j > 0, \quad \alpha_i + \alpha_j + \beta > 0 \tag{7.57}$$

である (Chen and Van Ness, 1994b)．

b) k 群構造クラスター

データに対して

$$\max_{i=1,2,\ldots,k} \max_{p,q \in C_i} d_{pq} < \min_{1 \leq i < j \leq k} \min_{p \in C_i, q \in C_j} d_{pq}$$

を満たすクラスター $C_1, C_2, \ldots, C_k$ が存在するとき，データは k 群構造であるといい，クラスター $C_1, C_2, \ldots, C_k$ を k 群構造クラスター (well structured k-group cluster) とよぶ (Chen and Van Ness, 1996)．

c) 完全構造データ

データに対して
$$\begin{cases} d_{pq} = s_1, & (\forall p, q \in C_i \quad (i = 1, 2, \ldots, k)) \\ d_{pq} = s_2(> s_1), & (\forall p \in C_i, q \in C_j \quad (1 \leq i < j \leq k)) \end{cases}$$
を満たすクラスター $C_1, C_2, \ldots, C_k$ が存在するとき,データは完全構造データ (well structured perfect data) であるという (Chen and Van Ness, 1996).

d) k 群構造許容性

任意の k 群構造データが,クラスタリング法を用いて k 群構造なクラスターに分けられているとき,そのクラスタリング法は k 群構造許容的 (well structured k-group admissible) であるという (Chen and Van Ness, 1996).

e) 完全構造許容性

任意の完全構造データが,クラスタリング法を用いてある段階で完全構造なクラスターに分けられているとき,そのクラスタリング法は完全構造許容的 (well structured perfect admissible) であるという (Chen and Van Ness, 1996).

空間の保存と k 群構造許容性

LW 法が空間を準保存するとき,LW 法は任意の k に対して k 群構造許容的である (Chen and Van Ness, 1996).

f) 正規許容性

LW 法の更新距離 $d_{(IJ)K}$ が任意の d_{IJ}, d_{IK}, d_{JK} に対して,$d_{IJ} = 0$ のとき常に
$$d_{(IJ)K} = d_{IK} = d_{JK}$$
を満たすとき,LW 法は正規許容的 (proper admissible) であるという (Mirkin, 1996).

LW 法の正規許容性

LW 法が正規許容的であるための必要十分条件は，

$$\alpha_i + \alpha_j = 1$$

である (Mirkin, 1996).

LW 法の空間の保存と正規性

LW 法が空間を準保存または保存するとき，その LW 法は正規許容的である (Mirkin, 1996).

LW 法の k 群構造許容性と準保存

LW 法が k 群構造許容的であるとき，LW 法は空間を準保存する (Chen and Van Ness, 1996).

LW 法の k 群構造許容性と正規許容性

LW 法が k 群構造許容的であるとき，その LW 法は正規許容的である (Mirkin, 1996).

7.4.2 その他の許容性

ここでは，LW 法とは直接関係ないが，重要な概念を含む許容性を紹介する．

a) 凸許容性

あるクラスタリング法によって生成されるクラスター $C_1, C_2, \ldots, C_k$ のそれぞれの凸包が交差しないとき，そのクラスタリング法は凸許容的 (convex admissible) であるという (Fisher and Van Ness, 1971).

たとえば，最短距離法，最長距離法，重心法は凸許容的ではない．

b) 連結許容性

集合 A に対して最短距離法のように2つの集合が結合する際，それぞれの集合に属する対象間の最短距離を測って最小の組を結合し，この最短距離をもつ2つの対象間を直線で結ぶ．このようにして，A に属するすべての対象が結ばれたとき，この直線のことを A の linkage とよび，L_A で表す．C において $L_{C_1}, L_{C_2}, \ldots, L_{C_k}$ が，どの2つの組をみても結合しないとき，クラスタリング法は，連結許容的 (connected admissible) であるという (Fisher and Van Ness, 1971)．

たとえば，最短距離法は連結許容的であるが，最長距離法，重心法は連結許容的ではない．

c) 対象複製許容性

1つまたはそれ以上の対象を任意の回数複製し，再びクラスタリングを行った際，任意の段階でクラスターの境界が変わらないとき，クラスタリング法は対象複製許容的 (point proportion admissible) であるという (Fisher and Van Ness, 1971)．

d) クラスター複製許容性

ある段階において $C_1, C_2, \ldots, C_k$ を与えるクラスタリングに対して，それぞれのクラスターを自由な回数で複製する．すなわち，そのクラスター内部の対象をその回数複製を行う際，その段階のクラスターが同じ境界をもつとき，クラスタリング法はその段階でのクラスター複製許容的 (cluster proportion admissible) であるという (Fisher and Van Ness, 1971)．

e) クラスター削除許容性

集合 C に対して，クラスター $C_1, C_2, \ldots, C_k$ を与えるクラスタリング法を考える．このとき，$k-1$ 個のクラスターを得るためにある1つのクラスター C_j を除いた残りの集合 $C - C_j$ に対して再びクラスタリングを行った際，は

じめのクラスタリングと同じ結果が得られるとき，クラスタリング法はクラスター削除許容的 (cluster omission admissible) であるという (Fisher and Van Ness, 1971)．

7.5 数値例と設問

7.5.1 階層構造の適合性基準による評価例

表 7.3 は，ソフト飲料データの 5 つの階層的手法による解析結果について，いくつかの適合性基準の値をまとめたものである．2 乗誤差については，群平均法，加重平均法が他に較べて非常に良い値を示している．Cophen 係数，Spearman の順位相関係数については，最短距離法以外はともによい値である．これらの数値から手法を選択するとすれば，群平均法または加重平均法を選択することが妥当である．

表 7.3 解析結果の適合性（ソフト飲料）

手法	2 乗誤差	Cophen	Spearman
最短距離法	0.0428	0.6788	0.3412
最長距離法	0.0249	0.8069	0.7406
群平均法	0.0082	0.8303	0.7638
加重平均法	0.0086	0.8287	0.7638
可変法	0.0444	0.8091	0.7650

表 7.4 は，果物データの 5 つの手法による解析結果について，いくつかの適合性基準の値をまとめたものである．原データが超距離の性質を満たすという特別なデータであるため，すべての手法のすべての数値が非常に良い値を示している．また，第 6 章でも述べたとおり，5 つの手法の解析結果には大差はない．このような状況は希少であるが，原データと解析結果が良く適合する場合にはこのような数値をとるという例である．

表 7.4 解析結果の適合性（果物）

手法	2乗誤差	Cophen	Spearman
最短距離法	0.0075	0.8828	0.9129
最長距離法	0.0068	0.9058	0.9129
群平均法	0.0022	0.9221	0.9129
加重平均法	0.0022	0.9219	0.9129
可変法	0.0118	0.9083	0.9129

7.5.2 分割の適合性基準による評価例

表7.5は，アイリスデータを k-means 法で解析した3種類の結果（クラスター数を2，3，4にした場合）について，(7.10) の計量的な適合性基準の値をまとめたものである．この指標に基づけば，4クラスターの場合が最も原データと適合しているという結論になる．

表 7.5 計量的適合性指標（アイリス）

	2クラスター	3クラスター	4クラスター
β_1	2.64×10^8	2.19×10^8	3.22×10^8

7.5.3 分割の非適合性基準による評価例

表7.6は，図5.14および図5.15に示したデンドログラムを，クラスター数 m の段階で切断したときに生成される分割に関し，(7.29)，(7.31) を計算して非適合度を評価した結果である．階層的クラスタリングの進行過程において，矛盾する四つ組の個数 g は増加する傾向が認められる．したがって，非適合度 γ は初期には0であるが，クラスタリングの進行とともにある段階までは大きくなるのは自然である．しかしながら，過程の全体を通しての γ の単調増加性は保証されない．γ の値を参考にする限り，ソフト飲料データについては，クラスター数 $m = 5$ の分割を採用すれば，クラスターとして，{Coke, Pepsi}，{7-Up, Sprite}，{Tab, Like}，{Diet Pepsi}，{Fresca} を見い出す．果物のデータについては，$m = 4$ の分割を採用すれば，クラスターとして，

{みかん}, {りんご, なし}, {いちご, ぶどう}, {メロン} を見い出す.

表 7.6 解析結果の非適合性 (ソフト飲料, 果物)

クラスター数	m	7	6	5	4	3	2
ソフト飲料	g	0	0	1	9	12	19
	h	27	52	75	115	171	195
	γ	0.0000	0.0000	0.0133	0.0783	0.0702	0.0974
果物	g	−	−	0	0	1	1
	h	−	−	14	26	44	50
	γ	−	−	0.0000	0.0000	0.0227	0.0200

7.5.4 分割の良さに関する指標による評価例

次に, 分割の良さに関する指標による評価の例を示す. 表 7.7 および表 7.8 は, アイリスデータを k-means 法で解析した 3 種類の結果について, 集中度および孤立度を計算したものである. 集中度の観点からみれば, できるだけ小さいほうが良い分割となるので, 多くの指標が 4 クラスターで良い値をとっている. 孤立度の観点からみれば, 大きいほうが良い分割なので, 2 クラスターの場合が最も良い値をとっている. ただし, 定義式より, 2 クラスターの場合の孤立度は, 特徴的に大きな値をとりやすいので, 結果として採用する場合には慎重な吟味が必要である.

表 7.7 集中度 (アイリス)

集中度	2 クラスター	3 クラスター	4 クラスター
$P_{\mathrm{mean}}(\phi_1)$	76598.00	22847.10	14449.40
$P_{\mathrm{mean}}(\phi_2)$	38.21	25.61	19.37
$P_{\mathrm{mean}}(\phi_3)$	1.00	1.14	1.10
$P_{\mathrm{max}}(\phi_1)$	129833.00	34761.30	34761.30
$P_{\mathrm{max}}(\phi_2)$	47.13	25.85	25.85
$P_{\mathrm{max}}(\phi_3)$	1.00	1.41	1.41
$P_{\mathrm{min}}(\phi_1)$	23363.10	16762.90	2158.70
$P_{\mathrm{min}}(\phi_2)$	29.29	25.50	12.73
$P_{\mathrm{min}}(\phi_3)$	1.00	1.00	1.00

表 7.8 孤立度 (アイリス)

孤立度	2クラスター	3クラスター	4クラスター
$Q_{\mathrm{mean}}(\psi_1)$	380673.00	344172.00	425938.00
$Q_{\mathrm{mean}}(\psi_2)$	70.85	63.47	64.17
$Q_{\mathrm{mean}}(\psi_3)$	3.61	2.83	2.28
$Q_{\mathrm{max}}(\psi_1)$	380673.00	408577.00	567340.00
$Q_{\mathrm{max}}(\psi_2)$	70.90	70.90	70.90
$Q_{\mathrm{max}}(\psi_3)$	3.61	2.83	2.83
$Q_{\mathrm{min}}(\psi_1)$	380673.00	228145.00	228145.00
$Q_{\mathrm{min}}(\psi_2)$	70.85	48.71	48.71
$Q_{\mathrm{min}}(\psi_3)$	3.61	2.83	1.73

表 7.9 分割の比較

係数	2クラスター	3クラスター	4クラスター
一致係数	114.79	129.48	121.27
不一致係数	35.21	20.52	28.73
Rand 係数	30.90	64.24	60.13
修正 Rand 係数	−0.20	0.69	0.55

表 7.9 は，アイリスデータを k-means 法で解析した 3 種類の結果について，各種の一致（不一致）係数を計算したものである．すべての指標において，3 クラスターが最も良い値を示しているが，3 クラスター，4 クラスターはともに良い値と判断することもできる．修正 Rand 係数以外は，あくまで相対的な評価しかできないが，修正 Rand 係数には，期待値が 0 で最大値が 1 という性質があり，ある程度の客観的な判断が可能である．この場合は 3 クラスターと判断するのが妥当であろう．

表 7.10 は，アイリスデータを k-means 法で解析した 3 種類の結果について，エントロピーおよびジニ係数を計算したものである．これらの指標はクラスター数の分布に関するものであり，偏りが大きければ大きいほど，小さな値をとる．今回の結果については，2 クラスターの場合は，相対的に見て，クラスターに属する対象の個数に偏りが大きいといえよう．

以上，さまざまな観点から判断すると，結果的に 3 クラスターの場合を採

表 7.10 分割の分布の指標

係数	2 クラスター	3 クラスター	4 クラスター
エントロピー	0.9370	1.5693	1.8992
ジニ係数	0.4570	0.6595	0.7142

用することが妥当である．

7.5.5 設問

1) (7.7) および (7.15) を用いて，ソフト飲料データと果物データの階層的手法による解析結果を評価せよ．
2) いくつかの数値データの解析結果を，本章で説明したさまざまな指標を用いて評価せよ．

参考文献

[1] Anderberg, M. R. (1973), *Cluster Analysis for Applications*, Academic Press, New York.

[2] Attneave, F. (1950), Dimensions of similarity, *American Journal of Psychology*, **63**, 516–556.

[3] Bass, F. M., Pessemier, E. A. and Lehmann, D. R. (1972), An experimental study of relationships between attitudes, brand preference, and choice, *Behavioral Science*, **17**, 532–541.

[4] Batagelj, V. (1981), Note on ultrametric hierarchical clustering algorithms, *Psychometrika*, **46**, 351–352.

[5] Beals, R., Krantz, D. H. and Tversky, A. (1968), Foundations of multidimensional scaling, *Psychological Review*, **75**, 127–142.

[6] Bechtel, G. G., Tucker, L. R. and Chang, W. C. (1971), A scalar product model for the multidimensional scaling of choice, *Psychometrika*, **36**, 369–388.

[7] Borg, I. and Groenen, P. (1997), *Modern Multidimensional Scaling: Theory and Applications*, Springer, New York.

[8] Cailliez, F. (1983), The analytical solution of the additive constant problem, *Psychometrika*, **48**, 305–308.

[9] Chen, Z. and Van Ness, J. W. (1994a), Space-contracting, space-dilating, and positive admissible clustering, *Pattern Recognition*, **27**, 853–857.

[10] Chen, Z. and Van Ness, J. W. (1994b), Metric admissibility and agglomerative clustering, *Communication in Statistics, Theory and Method*, **23**, 833–845.

[11] Chen, Z. and Van Ness, J. W. (1996), Space-conserving agglomerative algorithms, *Journal of Classification*, **13**, 157–168.

[12] Cox, T. F and Cox, M. A. A. (1994), *Multidimensional Scaling*, Chapman & Hall, London.

[13] Dubien, J. L. and Warde, W. D. (1979), A mathematical comparison of the members of an infinite family of agglomerative clustering algorithms, *Canadian Journal of Statistics*, **7**, 29–38.

[14] Ekman, G. (1963), A direct method for multidimensional ratio scaling, *Psychometrika*, **28**, 33–41.

[15] Fershtman, M. (1997), Cohesive group detection in a social network by the segregation matrix index, *Social Networks*, **19**, 193–207.

[16] Fisher, L. and Van Ness, J. (1971), Admissible clustering procedures, *Biometrika*, **58**, 91–104.

[17] Fisher, R. A. (1936), The use of multiple measurements in taxonomic problems, *Annals of Eugenics*, **7**, 179–188.

[18] Foa, U. G. (1971), Interpersonal and economic resources, *Science*, **171**, 345–351.

[19] Gordon, A. D. (1999), *Classification, 2nd Edition*, Chapman & Hall/CRC, London.

[20] Gower, J. C. (1966), Some distance properties of latent root and vector methods used in multivariate analysis, *Biometrika*, **53**, 325–338.

[21] Gower, J. C. and Legendre, P. (1986), Metric and Euclidean properties of dissimilarity coefficients, *Journal of Classification*, **3**, 5–48.

[22] Gregson, R. M. M. (1975), *Psychometrics of Similarity*, Academic Press, New York.

[23] Hayashi, C. (1952), On the prediction of phenomena from mathematicostatistical point of view, *Annals of the Institute of Mathematical Statistics*, **3**, 69–98.

[24] Hubert, L. (1972), Some extensions of Johnson's hierarchical clustering algorithms, *Psychometrika*, **37**, 261–274.

[25] Hubert, L. (1973), Monotone invariant clustering procedures, *Psychometrika*, **38**, 47-62.

[26] Hubert, L. and Arabie, P. (1985), Comparing partitions, *Journal of Classification*, **2**, 193–218.

[27] Jambu, M. (1978), *Classification Automatique pour l'Analyse des Données*, North-Holland, Amsterdam.

[28] Kaufman, L. and Rousseeuw, P. J. (1990), *Finding Groups in Data*, John Wiley & Sons, Inc., New York.

[29] Kempton, R. A. (1979), The structure of species abundance and measurements of diversity, *Biometrics*, **38**, 307–321.

[30] Kendall, M. G. (1962), *Rank Correlation Methods*, Charles Griffin, London.

[31] Kruskal, J. B. (1964a), Multidimensional scaling by optimizing goodness of fit to a nonmetric hypothesis, *Psychometrika*, **29**, 1–27.

[32] Kruskal, J. B. (1964b), Nonmetric multidimensional scaling: A numerical method, *Psychometrika*, **29**, 115–129.

[33] Kruskal, J. B. (1971), Monotone regression : continuity and differentiability properties, *Psychometrika*, **36**, 57–62.

[34] Lance, G. N. and Williams, W. T. (1967), A general theory of classificatory sorting strategies I. Hierarchical systems, *Computer Journal*, **9**, 383–380.

[35] Lingoes, J. C.and Schönemann, P. H. (1974), Alternative measure of fit for Schönemann-Carroll matrix fitting algorithm, *Psychometrika*, **39**, 423–427.

[36] MacQueen, J. B. (1967), Some methods for classification and analysis of multivariate observations, *Proceedings of the 5th Berkeley Symposium on Mathematical Statistics and Probability*, **1**, 281–297.

[37] Masure, R. H. and Allee, W. C. (1934), The social order in flocks of the common chicken and pigeon, *Auk*, **51**, 306–325.

[38] Messick, S. J. and Abelson, R. P. (1956), The additive constant problem in multidimensional scaling, *Psychometrika*, **21**, 1–15.

[39] Micko, H. C. and Lehmann, G. (1969), Two least-squares solutions for Ekman's method of direct multidimensional ratio scaling, *Scandinaviann Journal of Psychology*, **10**, 57–60.

[40] Milligan, G. W. (1979), Ultrametric hierarchical clustering algorithms, *Psychometrika*, **44**, 343–346.

[41] Milligan, G. W. (1981), A Monte Carlo study of thirty internal criterion measure for cluster analysis, *Psychometrika*, **46**, 187–199.

[42] Milligan, G. W. and Cooper, M. C. (1985), An examination of procedures for determining the number of clusters in a data set, *Psychometrika*, **50**, 159–179.

[43] Milligan, G. W. and Cooper, M. C. (1986), A study of the comparability of external criteria for hierarchical cluster analysis, *Multivariate Behavioral Research*, **21**, 441-458.

[44] Mirkin, B. (1996), *Mathematical Classification and Clustering*, Kluwer Academic Publishers, Dordrecht.

[45] Murtagh, F. (1983), A survey of recent advances in hierarchical clustering algorithms, *Computer Journal*, **26**, 354–359.

[46] Nakamura, N and Ohsumi, N (1990), Space-distorting properties in agglomerative hierarchical clustering algorithms, *Research Memorandum #387*, The institute of Statistical Mathematica, 1–18.

[47] Podani, J (1989), New combinatorial clustering methods, *Vegetatio*, **81**, 61–77.

[48] Rand, W. M. (1971), Objective criteria for the evaluation of clustering methods, *Journal of the American Statistical Association*, **66**, 846–850.

[49] Rothkopf, E. Z. (1957), A measure of stimulus similarity and errors in some paired associate learning, *Journal of Experimental Psychology*, **53**, 94–101.

[50] Rousseeuw, P. J. (1987), Silhouettes : a graphical aid to the interpretation and validation of cluster analysis, *Journal of Computational and Applied Mathematics*, **20**, 53–65.

[51] Saito, T. (1978), The problem of additive constant and eigenvalues in metric multidimensional scaling, *Psychometrika*, **43**, 193–201.

[52] Saito, T. (1980), A hierarchical clustering method for rank ordered data, *Behaviormetrika*, **8**, 23–39.

[53] Saito, T. (1982), Contributions to e_{ij}-type quantification and development of a new method of multidimensional scaling, *Behaviormetrika*, **12**, 63–83.

[54] Saito, T. (1986), Multidimensional scaling to explore complex aspects in dissimilarity judgment, *Behaviormetrika*, **20**, 35–62.

[55] Saito, T.(1988), Cluster analysis based on nonparametric tests, In Bock, H. H. (ed.) *Classification and related methods of data analysis*, 257–266, North-Holland, Amsterdam.

[56] Saito, T. and Yadohisa, H. (2005), *Data Analysis of Asymmetric Structures– Advanced Approaches in Computational Statistics*, Marcel Dekker, New York.

[57] Shepard, R. N. (1966), Metric structures in ordinal data, *Journal of Mathematical Psychology*, **3**, 287–315.

[58] Siegel, S. (1956), *Nonparametric Statistics*, McGraw-Hill, New York.

[59] Sneath, P. H. A. and Sokal, R. R. (1973), *Numerical Taxonomy*, Freeman, San Francisco.

[60] Torgerson, W. S. (1952), Multidimensional scaling : I. Theory and method, *Psychometrika*, **17**, 401–419.

[61] Torgerson, W. S. (1958), *Theory and Method of Scaling*, John Wiley, New York.

[62] Torgerson, W. S. (1965), Multidimensional scaling of similarity, *Psychometrika*, **30**, 379–393.

[63] Tversky, A. and Krantz, D. H. (1970), The dimensional representaion and the metric structure of similarity data, *Journal of Mathematical Psychology*, **5**, 572–596.

[64] Tversky, A. (1977), Features of similarity, *Psychological Review*, **84**, 327–352.

[65] Ward, J. H. Jr. (1963), Hierarchical grouping to optimize an objective function, *Journal of the Americam Statistical Association*, **58**, 236–244.

[66] Wasserman, S. and Faust, K. (1994), *Social Network Analysis : Methods and Applications*, Cambridge University Press, Cambridge.

[67] Young, G. and Householder, A. S. (1938), Discussion of a set of points in terms of their mutual distances, *Psychometrika*, **3**, 19–22.

[68] 林知己夫 (1970), 特殊な統計的方法―その1 現代数量化の問題, 情報処理と統計数理, 第6章, 産業図書, 東京.

[69] 林知己夫 (1973), e_{ij} 型数量化と Torgerson-Gower の方法をめぐって, 日本統計学会誌, **3**, 55–66.

[70] 齋藤堯幸 (1980), 多次元尺度構成法, 朝倉書店, 東京.

[71] 齋藤堯幸 (1982), e_{ij} 型数量化法と PAMSE 法, 数理科学, No. 230, 58–66.

[72] 齋藤堯幸 (1983), 心理的クラスタリングと統計的クラスタリング, 数理科学, No. 235, 73–79.

[73] 高根芳雄 (1980), 多次元尺度法, 東京大学出版会, 東京.

[74] 直井優,盛山和夫編 (1989),現代日本の階層構造,東京大学出版会,東京.

[75] 金子勇,薗部雅久編 (1992),都市社会学のフロンティア 3. 変動・居住・計画,日本評論社,東京.

[76] 総務省統計局 (2001),住民基本台帳人口移動報告季報 平成 14 年 4 〜 6 月期統計表,総務省,東京.

索　引

【あ】
アフィン変換, 121

e_{ij} 型数量化法, 79
EQ 法, 79
1 次元尺度, 80
1 次変換, 15, 85
一致係数, 19, 208
一致度, 121
移動中心法, 172
色の非類似性データ, 92

Ward 法, 137

MDS, 24
LW 法, 141
LW 法による空間のゆがみ, 159
LW 法の単調性, 158
エントロピー, 209

重みつきユークリッド距離, 23

【か】
回帰分析, 176
階層, 33
階層構造, 33, 127
階層構造の評価, 200
階層的クラスター分析法, 125

階層的クラスタリング法, 34, 134
階層的構造, 25
外的情報, 30
カイ 2 乗統計量, 20
Gower-Legendre の定理, 43
拡張局所探索接続法, 189
確定性, 8
加算差モデル, 116
加算的, 8
加算的距離, 8
加重平均法, 144
カテゴリ, 14
カテゴリカル変量, 14
カテゴリデータ, 14
カテゴリ変量, 14, 113
可変法, 145
可約性, 161
間隔, 15
間隔尺度, 14, 15, 23, 79, 115
関係, 30
完全構造許容性, 212
完全構造データ, 212
完全連結法, 136
観測変量, 13
関連性, 17
関連性データ, 1, 32
関連性データ行列, 24
関連性データの生成, 17

索　引

関連性の指標, 17

木, 148
幾何学的表現, 25
強三角不等式, 9
教師なしの学習, 29
凝集, 33
凝集型階層的クラスタリング法, 134
凝集型最適化法, 131
業務統計, 6
局所探索接続法, 187
局所探索法, 130
距離, 8, 27
距離関数, 9
距離関数型, 114
距離行列, 151
距離の公理, 8, 111
近接性, 1
近傍系, 130

空間的な連関, 3
空間的表現, 25
空間の拡大, 153
空間の縮小, 153
空間の準保存, 153
空間の保存, 153
空間のゆがみ, 152
空間配置, 38
果物の非類似性データ, 93, 122
Goodman-Kruskal の順序連関係数, 22, 202
区分加算性, 111
区分的加算距離, 112
クラス, 29
Kruskal の方法, 98
クラスター, 30
クラスター化, 32
クラスター間距離, 135
クラスター間結合距離, 140
クラスター構造, 24, 126

クラスター削除許容性, 214
クラスター数, 151, 194
クラスター中心, 172
クラスターの解釈, 32
クラスター複製許容性, 214
クラスター分析, 25, 32
クラスター分析法, 2, 31, 125
クラスタリング, 29
クラスタリング結果, 33
クラスタリング法, 32, 33
クラスの個数, 30
クラス分け, 30
グラフ, 129
グラフ構造, 24
Cramér の連関係数, 21
グループ, 30
群間平均法, 137
郡内平均法, 137
群平均法, 136

系統分類, 29
計量心理学, 25
計量的, 15, 28
計量的 MDS, 97
計量的手法, 29
計量的多次元尺度構成法, 37
計量的データ, 15
KL 型数量化理論, 91
k 群構造許容性, 212
k 群構造クラスター, 211
原点, 15
Kendall の順位相関係数, 22, 90, 201

交換法, 182
広義の MDS, 29
交互最小化法, 133
交互最適化法, 133
交互 2 乗誤差法, 133
更新距離, 140
更新式, 141

構造, 24
勾配法, 107
公理系, 114
個人差モデル, 29
個体差モデル, 29
Cophen 行列, 151
Cophen 係数, 200
固有値の分布, 87
孤立度, 205
混同率, 2

【さ】
差, 14
最遠隣法, 136
最近隣法, 135
最小性, 8, 111
最短距離法, 135
最長距離法, 136
最適化関数, 130
座標, 9
座標行列, 38, 44
座標空間, 9
三角不等式, 8, 111

JM 法, 146
市街地距離, 10, 38, 108
次元, 27
次元間加算性, 112, 115
次元数, 27, 89
次元内減算性, 112, 115
事前情報, 30
実験, 3
実験心理学, 25
質的データ, 15
質的変量, 15
シード, 172
社会移動, 1
社会学, 1
社会的距離, 1
社会的交換, 2

社会的ネットワーク, 3
尺度, 13
尺度水準, 16, 17
尺度値, 15
尺度レベル, 27
重心法, 137
修正 Rand 統計量, 209
集中度, 205
樹形図, 33
主座標分析, 58, 84
主成分分析, 60, 176
手法, 24
順序関係, 14, 97
順序尺度, 14, 115
順位相関, 90
順位相関係数, 21
準計量, 79
準計量的 MDS, 97
準計量的手法, 29
順序カテゴリ, 21
順序連関係数, 21
順序対, 8
順序データ, 14, 147
順序変量, 14
シルエットプロット, 209
親近性, 1, 80
心理的距離, 1, 27, 37, 112
心理的空間, 27, 112

水準, 13
数学的距離, 8, 27
数値尺度, 13
数値データ, 15, 23
数値分類学, 29
数値変量, 15
数量化 4 類, 79
スケール変換, 16
ストレス, 99
ストレス 1, 100
ストレス 2, 100

Spearman の順位相関係数, 21, 201
スペクトル分解, 39

正規許容性, 212
正許容性, 211
正準相関係数, 121
跡相関係数, 121
接続関数, 174
接続行列, 150
接続指標, 185
接続法, 184
セミメトリック, 79
選好性データ, 7
潜在構造, 25
潜在変量, 13
潜在要因, 27

相違度, 121
相加的距離, 12
相関係数, 23
相互最短性, 162
相似変換, 15
属性, 14
ソート, 29
存在定理, 116

【た】
タイ, 22, 104
対称化, 16
対称性, 8, 111
対称データ, 6
対象複製許容性, 214
τ 指標, 121
多次元尺度構成法, 2, 24
多値カテゴリカル変量, 19
多変量データ, 6, 33
単一接続法, 184
単相 2 元データ, 7, 24, 28
単調回帰, 99, 102
単調回帰原理, 105

単調関係, 19, 99, 113
単調関数, 14
単調減少関数, 16, 37
単調性, 98, 158
単調増加関数, 113
単調変換, 99
単連結法, 135

置換, 14
逐次 k-means 法, 181
中間点, 114
超距離, 11
超距離不等式, 11
調査, 3
超単調変換, 147
重複, 33
重複型クラスタリング法, 34

定義行列, 191
ディスパリティ, 99, 102
適合性基準による評価, 203
適合度, 89
データ解析, 25
データ縮約, 25
データの精度, 6
データの標準化, 16
データ変換, 16
展開法モデル, 29
デンドログラム, 11, 33, 148, 149

等値関係, 14
同値関係, 190
同定, 29
Torgerson の計量的 MDS, 84
Torgerson の方法, 79
特異値分解, 121
凸許容性, 213

【な】
内積, 23

索　引

2次形式, 39, 81
二重中心化, 44
2乗誤差基準, 200
2乗誤差法, 146
2相3元データ, 29, 32
2相2元データ, 7, 29, 32
2値有無カテゴリカル変量, 62
2値カテゴリカル変量, 18, 62
2値水準カテゴリカル変量, 62
2値変数, 18
二分木, 33
Newton法, 107
Newton-Raphson法, 107

根つき木, 149
ネットワーク, 1
ネットワーク分析, 2, 30

【は】
パターン, 24, 79
範疇化, 29
判別, 29
汎用性, 25

Pearsonの相関係数, 22
非階層, 33
非階層的クラスター分析法, 171
非階層的クラスタリング法, 34
非計量的, 15, 28
非計量的MDS, 97
非計量的手法, 29
非計量的データ, 15
PCA, 85
PCO, 84
非親近性, 80
非対称, 16
非対称データ, 6, 32, 105
非重複, 33
非重複型クラスタリング法, 34
非適合性基準による評価, 205

非負定符号, 39
非負定符号行列, 38
pメトリック, 112, 116
標準化, 109
非類似性, 16, 18, 32, 37, 97, 113
非類似性データ, 2, 27, 38
比例尺度, 15, 23

ファイ係数, 19, 20
不一致係数, 208
部分集合, 126
ブランド交換, 1, 2
分解性, 112, 115
分解定理, 40
分割, 31, 33, 127
分割数, 31
分割の一致, 207
分割の粗密, 207
分割の評価, 202
分割表, 18
分類, 29

平均非類似性法, 146
平均連結法, 136
並行k-means法, 181
変換データ, 28
変数, 13
変量, 13

【み】
ミンコフスキー基準, 200
ミンコフスキー距離, 10, 99, 107, 112

名義尺度, 14, 15
メジアン法, 144
メトリック, 7, 27, 79, 112

目的関数, 171
モデル, 24
モデルの精緻化, 25

【や】
山登り法, 132
Young-Householder の定理, 41

優越距離, 10
ユークリッド距離, 10, 23, 41, 80
ユークリッド空間, 41

四つ組相加性, 12
4点条件, 12

【ら】
Lagrange の未定乗数法, 81

離散的構造, 24
量的データ, 15
量的変量, 15

類似性, 16, 18, 32, 37, 80
類似性データ, 2, 38
類似性判断, 27

連関係数, 19
連結許容性, 214
連続的な構造, 25

Memorandum

Memorandum

〈著者紹介〉

齋藤 堯幸（さいとう たかゆき）

1965 年 東京大学理学部卒業
現　在 東京工業大学名誉教授・工学博士
専　攻 統計科学
主要著書 『ランク回帰と冗長性分析』（森北出版, 2002）
　　　　 『Data Analysis of Asymmetric Structures: Advanced Approaches in Computational Statistics』（共著, Marcel Dekker, 2005）

宿久 洋（やどひさ ひろし）

1990 年 九州大学大学院総合理工学研究科修士課程修了
現　在 同志社大学文化情報学部教授・博士（工学）
専　攻 統計科学
主要著書 『統計解析環境 XploRe - アプリケーションガイド -』（共著, 共立出版, 2003）
　　　　 『Data Analysis of Asymmetric Structures: Advanced Approaches in Computational Statistics』（共著, Marcel Dekker, 2005）

関連性データの解析法 ―多次元尺度構成法とクラスター分析法― **Analysis of Relational Data** *–Multidimensional Scaling 　　　　and Cluster Analysis–* 2006 年 9 月 10 日　初版 1 刷発行 2014 年 4 月 15 日　初版 3 刷発行	著　者　齋藤 堯幸　　ⓒ2006 　　　　宿久 洋 発行者　南條 光章 発行所　**共立出版株式会社** 　　　　郵便番号 112-8700 　　　　東京都文京区小日向 4 丁目 6 番 19 号 　　　　電話 03-3947-2511（代表） 　　　　振替口座 00110-2-57035 番 　　　　URL http://www.kyoritsu-pub.co.jp/ 印　刷　加藤文明社 製　本　協栄製本 　　　　　　　　　一般社団法人 　　NSPA　　　自然科学書協会 　　　　　　　　　会員

検印廃止
NDC 350.1

ISBN 978-4-320-01812-9　　Printed in Japan

JCOPY ＜(社)出版者著作権管理機構委託出版物＞
本書の無断複写は著作権法上での例外を除き禁じられています。複写される場合は，そのつど事前に，(社)出版者著作権管理機構（電話 03-3513-6969, FAX 03-3513-6979, e-mail: info@jcopy.or.jp）の許諾を得てください。

A Dictionary of Statistics Second Edition

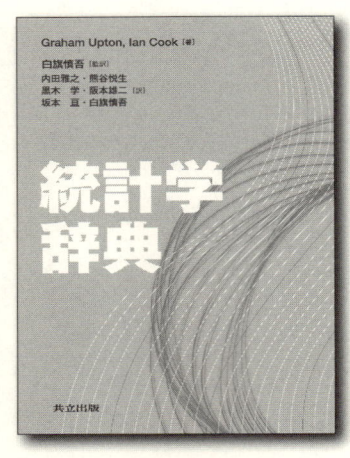

統計学辞典

Graham Upton, Ian Cook [著]

白旗慎吾 [監訳]

内田雅之・熊谷悦生・黒木　学　[訳]
阪本雄二・坂本　亘・白旗慎吾

"A Dictionary of Statistics Second edition"（Oxford University Press）の翻訳書である。統計学，統計科学は今や自然科学，社会科学，人文科学，医学・薬学に至るさまざまな分野に応用されている。本辞典は，そのような統計に関する幅広い用語を，出来るだけ分かり易く解説している。著者たちはみな統計学分野の権威であり，2000以上の統計学関連項目すべてが簡潔に説明され，統計学を学ぶ学生だけでなく，統計学用語を調べたい人の誰にでも使える内容となっている。収録した項目は細かな図表を盛り込んでおり，統計学に関する幅広い用語と同様に，数学，OR，確率論，統計ソフトウェア，統計学史上の人物や業績，伝記などに関する項目を収録している。さらに，統計学に関連した学会，組織，機関誌，学術雑誌などの情報と，そのWebサイトをも紹介した，有用かつ引きやすい五十音順小項目辞典である。　〔日本図書館協会選定図書〕

◆ 四六判・ソフト上製・524頁・定価（本体3,8000円＋税）◆

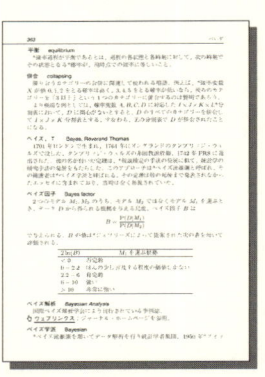

レイアウト見本

http://www.kyoritsu-pub.co.jp/　　共立出版　　（価格は変更される場合がございます）

公式Facebook
https://www.facebook.com/kyoritsu.pub